智能制造

实用技术丛书

智能制造系统数据访问控制技术

李 阳 著

U0300728

化学工业出版社

·北京·

内容简介

　　智能制造系统是新一代集成化的信息系统，本书从智能制造系统的安全访问控制需求出发，在总结访问控制技术发展现状的基础上，充分利用基于属性访问控制模型的优势，兼容当前企业信息系统中广泛存在的传统访问控制方法，阐述了智能制造系统中与安全访问控制技术相关的模型和方法等。

　　本书可供从事智能制造系统开发的科研与工程技术人员参考使用。

图书在版编目（CIP）数据

　　智能制造系统数据访问控制技术 /李阳著. —北京：
化学工业出版社，2022.10
　　（智能制造实用技术丛书）
　　ISBN 978-7-122-41874-6

　　I. ①智… II. ①李… III. ①智能制造系统-数据处理-安全技术-研究　IV. ①TH166

　　中国版本图书馆 CIP 数据核字（2022）第 129236 号

责任编辑：邢　涛	文字编辑：宫丹丹　陈小滔
责任校对：田睿涵	装帧设计：韩　飞

出版发行：化学工业出版社（北京市东城区青年湖南街 13 号　邮政编码 100011）
印　　装：北京天宇星印刷厂
787mm×1092mm　1/16　印张 8　字数 152 千字　2023 年 4 月北京第 1 版第 1 次印刷

购书咨询：010-64518888　　　　　　　　售后服务：010-64518899
网　　址：http://www.cip.com.cn
凡购买本书，如有缺损质量问题，本社销售中心负责调换。

定　　价：88.00 元

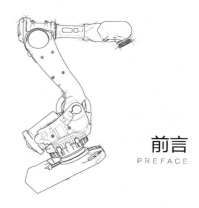

前言
PREFACE

　　智能制造系统是新一代集成化的信息系统。智能制造是继蒸汽机时代、电力时代和信息时代之后的技术发展新阶段。在著名的智能制造金字塔模型中，智能决策位于金字塔的顶端（如图 0-1 所示），智能决策以充分的数据信息为基础，以算法软件为工具。在制造业的各个环节、各个方面存在各种功能不同的信息系统，这些系统彼此独立，信息共享程度难以提高。另外，各个系统所涉及的产品信息和人员信息存在重叠，影响数据信息的一致性。因此，智能制造系统一方面要提供新的数据管理思路，一方面要集成现存的重要信息系统，提高信息的一致性和共享程度，改善企业的安全、质量、成本、交货期和效率（简称 SQCDP）。

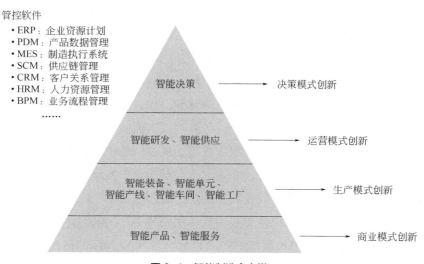

管控软件
- ERP：企业资源计划
- PDM：产品数据管理
- MES：制造执行系统
- SCM：供应链管理
- CRM：客户关系管理
- HRM：人力资源管理
- BPM：业务流程管理
……

智能决策　　　　→　决策模式创新

智能研发、智能供应　　→　运营模式创新

智能装备、智能单元、
智能产线、智能车间、智能工厂　→　生产模式创新

智能产品、智能服务　　→　商业模式创新

图 0-1　智能制造金字塔

智能制造系统的一个重大课题是"安全"，而访问控制是信息安全的核心环节，它的目标是保证正确的人在正确的时间访问正确的数据资源。即使对于一个零件而言，在其整个生命周期中也包括设计、加工、试验、销售等多个阶段，每个阶段都有不同的人员需要对零件信息进行更改，为了保证数据的一致性，就要限制相关人员的访问权限，所以访问权限要随着零件所处的阶段而改变，即"动态的"访问控制；任何产品的完整供应链都会涉及很多公司，虽然公司之间的数据共享程度要提高，但并不是无限的，产品数据是企业的重要财产，一个公司允许其合作伙伴访问的数据范围要局限在"够用"的范围内，哪怕是同一产品，其所属公司也只能允许合作伙伴访问业务相关的部分数据，所以，智能制造系统的访问控制应该是"细粒度"的；智能制造系统是以现有的各种信息系统为基础的，不可能一切"推倒重来"，现有的制造业信息系统所采用的访问控制模型不尽相同，现有系统中广泛采用"基于角色的访问控制模型""强制访问控制模型""基于任务的访问控制模型"等，而兼容不同的访问控制模型并非易事，所以智能制造系统的集成还需要做更多的研究工作。

本书以智能制造系统访问控制需求为出发点，综合作者在企业信息系统访问控制方面的研究成果，阐述智能制造系统的访问控制技术的相关理论和方法。

全书共分 6 章。

第 1 章　绪论部分介绍智能制造系统研究工作的相关背景，提出智能制造系统对访问控制的具体需求，在说明访问控制技术核心概念的基础上，介绍本书的主要研究思路和工作内容。

第 2 章　利用基于角色访问控制标准模型的抽象性和通用性，在基于角色的访问控制模型中融入基于属性访问控制的思想，有利于保持基于角色访问控制的优势，并支持动态的和细粒度的访问控制策略。在给出属性定义和分析属性应满足的性质的基础上，提出基于属性和角色的访问控制模型，该模型应支持动态的和细粒度的访问控制策略，并能够保证分布式授权的安全性。

第 3 章　针对工作流访问控制的要求，提出了基于属性和任务的访问控制模型（A-TBAC）。把任务与其状态属性视为紧密联系的整体，把任务对象作为授权的基本单位，把进程作为访问的直接主体，把任务步视为进程和权限的属性，使进程和权限的任务步匹配关系成为权限使用的先决条件，保证工作流系统中任务流与权限流的一致性。

第 4 章　从权限委托的可控性出发建立权限委托的实施机制，把权限委托过程细分为多个步骤，限制权限委托的授予方式，并通过"局部约束"控制受托人的范围，使权限委托在保证灵活性的同时，把权限扩散控制在一定的范围内。

第 5 章　由于智能制造系统中需要多种访问控制模型，为满足全方位的需求，借鉴访问控制策略语言 PONDER 和可扩展访问控制标记语言 XACML 的研究思路，从访问控制所涉及的基本对象及其之间的关系出发，建立一种能够描述多种访问控制策略的描述方法，并在此基础上建立一种较为通用的访问控制实施框架。

第 6 章　以"协同工作集成平台"的访问控制系统为例，说明访问控制系统的关键技术和实施方法。

本书的研究工作是在刘更教授的悉心指导下完成的，这里要特别感谢刘更教授对本人的帮助！在本书的编写过程中得到了崔平平女士的大力协助，在此表示由衷的感谢！

鉴于智能制造技术发展迅速，著者水平有限，书中不妥之处，敬请各位读者批评指正。

著者

2022.04.12

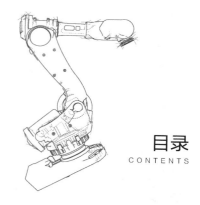

目录
CONTENTS

第 1 章　绪论 / 001

1.1　智能制造的内涵 / 001

1.2　智能制造系统的安全需求 / 003

1.3　访问控制概述 / 006

1.3.1　基本概念 / 006

1.3.2　设计原则 / 008

1.3.3　经典访问控制模型 / 009

1.4　智能制造系统的访问控制 / 013

1.5　研究现状与问题分析 / 013

1.6　本书的主要研究内容 / 014

参考文献 / 015

第 2 章　基于属性和角色的访问控制模型 / 017

2.1　简述 / 017

2.2　研究热点 / 018

2.3　RBAC 标准模型 / 021

2.4　A-RBAC 模型 / 025

　　2.4.1　属性的定义 / 025

　　2.4.2　A-RBAC 模型 / 028

　　2.4.3　A-RBAC 的形式化定义 / 032

2.5　A-RBAC 模型的可实施性 / 033

参考文献 / 037

第 3 章　基于属性和任务的访问控制模型　　/ 040

3.1　简述 / 040

3.2　研究热点 / 042

3.3　工作流的相关定义 / 043

3.4　A-TBAC 模型 / 045

　　3.4.1　模型的构建 / 045

　　3.4.2　模型的形式化定义 / 049

3.5　职责分离约束 / 050

　　3.5.1　静态职责分离约束 / 050

　　3.5.2　动态职责分离约束 / 051

3.6　模型的可实施性 / 052

　　3.6.1　权限的配置机制 / 052

　　3.6.2　权限的使用机制 / 056

参考文献 / 057

第 4 章　访问控制系统可控的权限委托机制　　/ 059

4.1　简述 / 059

4.2　权限委托的相关概念 / 060

4.3　权限委托 / 062

　　4.3.1　控制权限 / 062

　　4.3.2　委托声明 / 066

　　4.3.3　权限委托流程 / 068

4.4　委托撤销 / 069

参考文献 / 071

第 5 章　访问控制统一实施框架　　　/ 072

5.1　简述 / 072
5.2　访问控制的层次 / 073
5.3　ACEF 的构成 / 076
　　5.3.1　ACEF 的元素 / 076
　　5.3.2　关系 / 078
5.4　ACEF 的适应性 / 085
　　5.4.1　A-RBAC / 085
　　5.4.2　MAC / 089
　　5.4.3　DAC / 091
　　5.4.4　A-TBAC / 092
5.5　ACEF 的架构 / 093
参考文献 / 094

第 6 章　访问控制系统的开发与应用　　　/ 095

6.1　项目背景 / 095
6.2　访问控制系统的架构 / 096
6.3　关键技术 / 098
　　6.3.1　Web 服务 / 098
　　6.3.2　面向切面的编程 / 101
　　6.3.3　策略检索方法 / 106
6.4　访问控制系统的应用 / 109
　　6.4.1　数据管理系统的访问控制 / 109
　　6.4.2　工作流访问控制 / 111
参考文献 / 115

第**1**章

绪论

1.1
智能制造的内涵

　　制造业是国民经济的主体，打造具有国际竞争力的制造业，是把国家建设成为世界强国的必由之路。进入新时代，我国正在向制造强国迈进，《中国制造2025》明确指出："以加快新一代信息技术与制造业深度融合为主线，以推进智能制造为主攻方向，实现制造业由大变强的历史跨越。"智能制造是我国制造业创新发展的主要技术路线，是我国制造业转型升级的主要路径[1]。

　　目前，关于智能制造的定义有很多，随着技术发展和对智能制造认知的深化，智能制造的定义仍在不断地完善。2016年发布的《智能制造发展规划（2016—2020年）》对智能制造的定义为：智能制造是基于新一代信息通信技术与先进制造技术深度融合，贯穿于设计、生产、管理、服务等制造活动的各个环节，具有自感知、自学习、自决策、自执行、自适应等功能的新型生产方式。通过互联网、大数据、人工智能与实体经济深度融合，实现高效、优质、低耗、绿色、安全的制造和服务。智能制造的理论体系架构如图1-1所示。

　　智能制造包含的内容十分宏大，文献[2]把智能制造划分为8个模块：总体目标、核心主题、理论基础、技术基础、支撑技术、使能技术以及发展模式和实施途径。数字化、网络化是智能制造系统的重要技术基础，通过全业务链的纵向集成、全价值链的端到端集成、价值链延伸的横向集成，是实现智能工厂、智能生产、智能物流和智能服务等主题的重要环节，如图 1-2 所示。

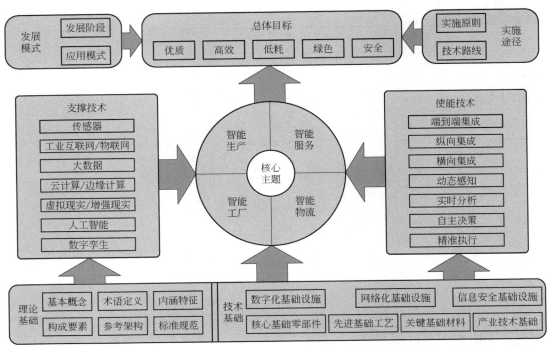

图 1-1 智能制造理论体系架构示意图[2]

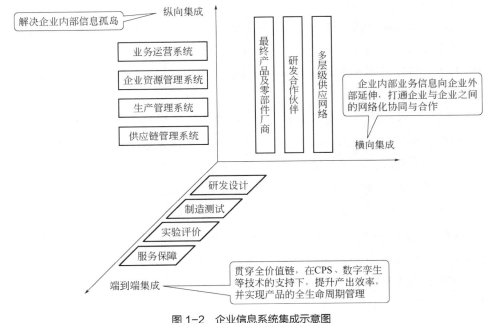

图 1-2 企业信息系统集成示意图

全业务链的纵向集成的主要目标是解决企业内部各种业务系统存在的信息孤岛问题，即相同对象在不同系统中状态不一致，无法互通互联。目前企业存在五种典型的信息系统：产品生命周期管理（PLM）；企业资源计划（ERP）；制造执行系统（MES）；自动化生产线；仓库管理系统（WMS）。各种系统管理的都是企业运行中涉及的对象，但是又都有各自不同的任务，各种系统的开发时间、开发人员、协议规范可能都不相同，这时就会出现信息孤岛问题。例如，客户对产品参数的临时修改，首先会反映到 ERP 系统中的订单管理中，然后要能及时传递到 PLM、MES 和自动化生产线中。如果做不到，那么肯定会出现问题。在当今竞争激烈的环境中，如果不能及时满足相应客户的要求，会对企业的竞争力产生巨大的影响。

全价值链的端到端集成是以 CPS（Cyber Physical System，信息物理系统）和 DT（Digital Twin，数字孪生）等技术为基础，把与产品相关的各个端点集成互联起来，通过价值链上不同端口的整合，实现从产品设计、生产制造、物流配送、使用维护的产品全生命周期管理和服务。

价值链延伸的横向集成旨在打通企业与企业之间的网络化协作，主要通过数字化营销渠道、客户关系管理（CRM）、供应链管理（SCM）、供应商管理（SM）等系统之间的集成来实现。企业与上下游供应和需求信息的双向互通，将引发商业模式、业务流程的改变，使分工更加细化，产生新兴服务业。

1.2
智能制造系统的安全需求

智能制造系统是面向全局发展、逐步提高智能化水平的集成系统，包括智能设计、智能管理、信息集成等方面，能够更加充分地实现合作、协同与共享，从而提升群体工作的质量和效率。另外，产品数据是企业的重要财富，需要在保证工作顺利开展的基础上，最大限度地防止信息的泄露与篡改，即保证数据的安全性。

为了保证数据的安全性，国际标准化组织在网络安全体系设计标准（ISO 7498-2）中包含的安全服务有：身份认证服务、数据保密服务、数据完整性服务、不可否认服务和访问控制服务，见图 1-3。

（1）身份认证服务

身份认证是指计算机及网络系统确认操作者身份的过程，用于解决访问者的物理身份与数字身份的一致性问题，是保障信息安全的第一道关卡。身份认证的目的是为其他信息处理环节（如访问控制服务和不可否认服务）提供相关的鉴别依据[3]。

（2）数据保密服务

数据保密服务确保敏感信息不被非法者获取，计算机密码学可以解决这个问题。消息加密后再发送,只有合法的接收者才能解密,最终看到消息的原文[4]。对于敏感消息,发送方将明文通过加密算法转换为密文,获得密文的接收方通过解密算法将密文转换为明文。

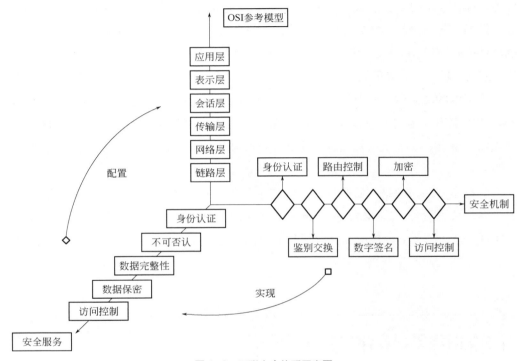

图 1-3　互联安全体系示意图

（3）数据完整性服务

数据完整性服务保证数据从发送方到接收方的传输过程不被篡改,或者让接收方及时发现数据被篡改。如果数据未被篡改则称数据是完整的,否则数据就失去了完整性。数据完整性服务主要通过信息摘要技术实现,目前较为常用的是 MD5 信息摘要算法[5]。

（4）不可否认服务

不可否认服务确保任何发生的交互操作都可以被证实,即所谓的不可抵赖。例如,用户修改了某零件的制造材料信息,如果因此发生经济损失,用户不承认是自己修改的,则无法追责。采用数字签名技术[6]可达到不可否认的目的。

（5）访问控制服务

访问控制服务的目标是保证只有在获得相应权限的条件下,才能进行权限允许的数据访问。访问控制包含两个方面的含义:一方面,如果用户进行权限允许范围内的访问,那么，系统应正确执行用户的请求，用户应获得访问结果；另一方面，如果用户进行权限允许范围之外的访问，那么，系统应拒绝执行用户的访问，用户无法获得访问结果。访问控制是计算机安全措施中极其重要的一环，可以把访问控制看作计算机安全的"核心环节"[7]。它在身份验证的基础上，根据预先制订的访问控制策略判断用户对数据资源的访问（读、写等）的合法性。

访问控制服务是网络信息安全的核心环节，目标是实现用户的授权访问，只有获得相应权限的用户才能进行权限范围内的数据访问。据美国计算机安全协会[8]的统计，信息系统的非法访问中有71%来自系统内部人员，大多数的重大损失由内部人员造成而非外部黑客。访问控制服务的根本目标就是把合法用户能够访问的数据资源限制在一定的范围内，保证"正确的用户"在"正确的时间"访问"正确的数据"。

与安全保护的其他环节相比，访问控制服务需要处理的是系统级的安全问题，需要综合考虑系统中用户的资质和数据资源的敏感性。而其他环节则针对具体的对象（字符串），身份认证服务和不可否认服务针对具体用户的身份信息，数据保密服务和数据完整性服务针对具体的消息内容，因此，身份认证服务、数据保密服务、数据完整性服务和不可否认服务具有普适性的特点。而访问控制服务与具体的系统要求紧密相关，不同的应用环境对访问控制服务有不同的需求。例如，军方信息管理系统要求官兵能够获得的军事信息必须与其自身的密级相匹配，而计算机操作系统的用户能够访问的文件取决于文件所有者的意愿。

不同的应用背景和工作性质对访问控制服务的需求是不同的，不存在能够适应所有系统的访问控制模型。例如，支持多用户的计算机操作系统采用自主访问控制模型；军方信息系统采用强制的访问控制模型；一般的电子商务或者电子政务系统采用基于角色的访问控制模型。2011年，Fuchs、Pernul和Sandhu❶对基于角色的访问控制的研究进行了广泛的调研[9]，把各个行业的访问控制研究作为重要的调研方向，其中，医疗卫生、电子商务和教育培训等行业的访问控制研究成果在2005年之后快速增长。

与其他应用系统相比，智能制造系统的特点如群体性、交互性、分布性和协作性等，使其对访问控制提出了不同的要求。近年来，随着智能制造系统研究和应用的快速发展，对访问控制提出了越来越高的要求，该领域的访问控制研究得到了越来越多的关注。

数据访问过程见图1-4。

---

❶ 1996年，Ravi Sandhu教授发表了经典文献"Role-Based Access Control Models（RBAC）"，成为基于角色的访问控制发展的基础。美国国家标准技术局所发布的RBAC标准模型主要源于Sandhu教授的工作。鉴于Sandhu在基于角色的访问控制模型、使用控制模型等信息安全领域的突出贡献，他于2004年获得IEEE计算机学会技术成就奖，2008年获得ACM SIGSAC杰出贡献奖。

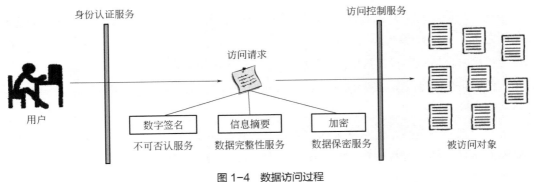

图 1-4　数据访问过程

1.3
访问控制概述

1.3.1　基本概念

访问控制技术是信息系统安全的核心技术。美国国防部 1985 年公布的可信计算机系统评估标准（Trusted Computer System Evaluation Criteria）把访问控制作为评价系统安全的主要指标之一。访问控制系统依据预先定义的访问授权策略授予主体访问客体的权限，并对主体使用权限的过程进行有效控制，从而实现系统资源的授权访问，防止合法用户的非法访问造成的信息泄露[10]。

访问控制的基本元素包括：客体、主体、操作、权限和访问控制策略。

① 客体（Object）：是指受访问控制机制保护的系统资源，是包含信息的被动实体，一般指用户的访问对象，如数据、文件等。

② 主体（Subject）：是指访问请求的发起者，是造成客体信息流动或改变的主动实体，在信息系统中一般指用户。

③ 操作（Operation）：是由主体激发的，对客体产生某种作用效果的动作类型，如读取、编辑、删除等。

④ 权限（Permission）：是在受系统保护的客体上执行某一操作的许可，权限是客体与操作的联合，两个不同客体上的相同操作代表两个不同的权限，单个客体上的两个不同操作代表两个不同的权限。

⑤ 访问控制策略（Access Control Policy）：是主体对客体的访问规则集，描述了在何种情形下，哪些主体可以对哪些客体执行哪些操作，是访问控制中的核心元素，决定了用户的权限。

访问控制策略较为直观的描述方式是访问控制矩阵，如表 1-1 所示。当用户 1 读取数据资源 1、2 时，是合法的访问，系统允许这种访问；当用户 1 读取数据资源 3 时，是非法的访问，系统拒绝这种访问；对于数据资源 3（可执行程序），只有用户 3 能够执行，用户 1 和用户 2 不能执行。现代信息系统中占统治地位的访问控制方式是基于角色的访问控制，一个角色实质上是权限的集合，用户通过所分配的角色来获得权限。

表 1-1 访问控制矩阵

用户	数据资源 1	数据资源 2	数据资源 3
用户 1	读	读	
用户 2	读	读，写	
用户 3		读	执行

根据网络安全体系设计标准的定义，在用户对信息系统的访问过程中，各安全保护环节所发挥的作用如图 1-4 所示。用户首先需要向系统提供有效的身份证明，才能使用信息系统提供的资源。合法用户向系统发送的访问请求需要进行信息摘要、数字签名和加密等处理之后，才能安全、准确地传输到信息系统。随后，系统根据用户的访问权限确定用户的访问是否合法。如果合法，则执行用户的请求，否则，拒绝用户的访问请求。

访问控制需要统筹考虑软件系统的所有主体和客体的属性，根据访问控制策略授予主体合理的访问权限，并根据用户权限配置对访问做出合法性决策，保证所有的访问都是合法的。

访问控制的基本原理如图 1-5 所示。

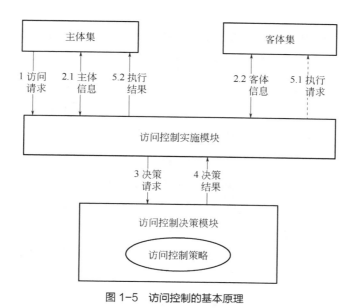

图 1-5 访问控制的基本原理

图中主体集、客体集和访问控制策略的含义在前文的定义中已经说明。访问控制决策模块的核心是访问控制策略，该模块根据访问控制策略决定访问请求是否合法，并返回决策结果。访问控制实施模块负责处理访问请求，为决策模块提供必要的信息并根据决策结果执行访问请求。访问控制的执行过程可分为下列几个步骤：

① 主体向实施模块发出访问请求；

② 实施模块根据访问请求获取主体信息、客体信息，并把访问请求转化为符合访问控制策略的格式，将格式化的访问请求发送到决策模块；

③ 决策模块根据访问控制策略判断访问请求是否合法；

④ 决策模块向实施模块返回决策结果（合法/拒绝）。

实施模块根据决策结果执行访问请求，分为两种情况：若决策结果是合法的，则实施模块向客体发送执行请求，并将执行结果发送给访问请求的发送主体；若决策结果为拒绝，则不会向系统发送执行请求，仅向主体发出拒绝访问的信息。图 1-5 中箭头 5.1 所示的执行请求可能并不会得到执行，因此以虚线表示。

1.3.2 设计原则

IEEE 组织成员 Saltzer 和 Schroeder 于 1975 年提出了计算机安全保护机制的八大原则[11]，访问控制系统的设计与实现应满足这些原则。

（1）经济性原则（Economy of Mechanism）

访问控制系统应设计得尽可能简洁。这一原则几乎适用于所有的软件系统，这里特别强调的原因是：

① 在用户正常使用系统时，访问控制系统的设计和实施中存在的某些错误和缺陷往往不会暴露出来，所以需要对访问控制系统进行全面的测试，甚至是逐行排查，简单而短小的设计是这类工作成功的关键；

② 由图 1-4 数据访问过程可知，访问控制增加了系统的负担，简洁的设计能够使这一负担处于可接受的范围内，否则，有可能使整个系统丧失可用性。

（2）默认失败原则（Fail-Safe Defaults）

用户访问系统资源时，默认是不能够访问的，只有用户获得相应的许可才能访问。相反地，如果默认成功，那么，当某些条件满足时用户才不能访问，这样当访问控制系统设计和实施存在错误或缺陷时，非法访问不能被阻止。而在用户正常访问时，这些错误或缺陷又不容易被发现。访问控制的初衷是限制用户的访问范围，访问决策应该考虑的是访问为什么是被允许的，而不是考虑访问为什么是被拒绝的。

（3）完全仲裁原则（Complete Mediation）

对每一个对象的每一次访问都必须经过检查，并给出明确的合法性判定结果，以确认是否已经得到授权。

（4）开放设计原则（Open Design）

保护机制的防御能力不应该建立在设计的保密性的基础上，而应该在设计公开的环境中设法增强保护机制的防御能力。保持设计的秘密性是不现实的，特别是在当今信息系统分布式设计开发的条件下，到底有哪些人已经了解了设计的秘密是无法确定的。开放设计原则要求，即使获悉设计原理，也无法进行未经授权的访问。

（5）特权分离原则（Separation of Privilege）

为一项特权划分出多个决定因素，仅当所有决定因素都具备时，才能行使该特权。例如一个保险箱设有两把钥匙，分别由两个人掌管，仅当两个人都提供钥匙时，才能打开保险箱。遵守特权分离原则能够防止欺诈行为和减少错误的发生。例如，零件设计过程包括设计和审校，设计人员和审校人员必须是不同的。

（6）最小特权原则（Least Privilege）

分配给每个用户的权限应该是其完成工作所必须拥有的权限的最小集合。

（7）最少公共机制原则（Least Common Mechanism）

把由两个以上用户共用和被所有用户依赖的机制的数量减到最少。每一个共享机制都是一条潜在的用户间的信息通路，要谨慎设计。

（8）心理可接受原则（Psychological Acceptability）

应使用户能够习以为常地、正确地运用保护机制。访问控制的授权工作需要安全管理员正确地将安全规章制度转化为权限配置方案，如果权限描述和权限配置难以理解，则安全管理员在实施权限配置方案时容易出错。在访问控制系统中，建立形式简单而表达力强的访问控制模型是遵守心理可接受原则的根本。

1.3.3　经典访问控制模型

访问控制模型是从抽象层次定义访问控制系统的安全属性，是表达安全策略所需的概念性框架。访问控制模型是安全策略和访问控制实施机制之间的纽带，用户借此可以更加清楚、准确地表达安全需求，开发人员可以依据访问控制模型更加有效地实施访问控制。访问控制模型是访问控制理论研究的重点。目前，几个主要的访问控制模型包括：1985 年，美国国防部公布的"可信计算机系统评估标准（Trusted Computer System Evaluation Criteria）"[12]中采用的自主访问控制（Discretionary Access Control, DAC）模型和强制访问控制（Mandatory Access Control, MAC）模型，DAC 模型主要在计算机操作系统中得到应用，例如 Windows 操作系统，MAC 模型主要应用在军方的信息系统中；2004 年，美国国家标准研究所（American National Standards Institute）作为标准发布了基于角色的访问控制模型（Role Based Access Control, RBAC）[13]，该模型已经在商用信息系统和数据库系统中得到广泛应用，例如 Oracle 数据库管理系统。

1.3.3.1 自主访问控制（DAC）模型

DAC 模型出现于 20 世纪 70 年代，是针对多用户大型主机系统的访问控制需求而提出的。其核心思想是，客体的拥有者完全掌握客体的访问权限，"自主"意味着客体拥有者可根据自身的意愿向其他用户授予或收回该客体的访问权限。其实现方法一般是建立系统的访问控制矩阵，矩阵的行对应访问主体，矩阵的列对应访问客体，矩阵的元素对应访问权限。

1972 年，Graham 和 Denning 提出了较为完善的访问控制矩阵模型，该模型可以描述多种基于自主访问控制的安全规则[14]。1976 年，Harrison、Ruzzo 和 Ullman 对访问控制模型进行了形式化总结[15]，被称为 HRU 模型，该研究成果给出了 DAC 模型只能在非常严格的情形中才能保证安全性的结论。1992 年，Sandhu 将 HRU 模型扩展为 TAM（Typed Access Matrix）模型[16]，引入"强分类（Strong Typing）"概念以增强安全性，该模型比 HRU 模型具有更强的表达力。2005 年，Zhang 等提出了 ABAM（Attribute Based Access Matrix）模型[17]，通过主体属性和客体属性指派权限，增加了授权的灵活性，并在一定程度上支持动态权限。

DAC 模型针对大型主机系统的安全要求提出具有灵活的授权方式。但是，存在难以控制的权限扩散问题，安全性难以保证。

1.3.3.2 强制访问控制（MAC）模型

MAC 模型最早针对信息保密性提出，其核心思想是系统依靠预先定义的访问控制规则确定主体对客体的操作是否合法。具体做法是，分别为主、客体定义安全标签，通过安全标签的匹配关系定义访问控制规则，即主体只能访问与之安全级别匹配的客体。由于主体必须遵守预先定义的控制规则，因此，这种访问控制被称为强制访问控制。强制访问控制包括两种侧重点不同的模型：BLP 模型[18]和 Biba 模型[19]。

1973 年，Bell 和 LaPadula 提出的基于安全标签的访问控制模型被称为 BLP 模型，该模型中，主体和客体的安全级别形成了一个具有偏序关系的安全网格，包含两个基本的访问控制规则："不上读"与"不下写"。不上读，即只有主体的安全级别不低于客体的安全级别时，才允许主体对客体进行读操作；不下写，即只有主体的安全级别不高于客体的安全级别时，才允许主体对客体进行写操作。BLP 模型得到了严格的安全性证明，能够防止木马病毒的攻击造成的泄密问题。

1977 年，Biba 从保护数据完整性角度出发，提出了 Biba 模型。该模型沿用 BLP 模型的做法，以具有偏序关系的安全级别形成的安全网格为基础制订访问控制规则，与 BLP 模型不同，Biba 模型的两个基本访问控制规则为："不下读"和"不上写"。

BLP 模型能够有效地防止具有较高安全级别的人员向下级人员泄露秘密，Biba 模型能够有效地保证数据的完整性。但是，MAC 模型依靠安全级别偏序关系制订的访问控制策略过于单一，并且难以扩展，所以一般仅用于具有明确级别偏序关系的领域，例如军方。

1.3.3.3 基于角色的访问控制模型

随着计算机网络与信息技术的发展及其应用的不断扩展，现代信息系统对访问控制提出了新的要求，系统用户数以万计，系统内需要存储和处理的数据是海量的，应用于这类系统的访问控制必须实现高效的权限管理，必须支持灵活的访问控制策略，DAC 模型和 MAC 模型都不能满足这些要求。

1992 年，作为 RBAC（Role Based Access Control）最初的形式化描述的 Ferraiolo-Kuhu 模型[20]被提出。随后 Sandhu 等人倡导开展了一系列的 RBAC 模型研究，代表性成果包括：RBAC96[21]、ARBAC97[22]、ARBAC99[23]模型。2004 年，美国国家标准研究所（ANSI）对 RBAC 及其管理模型中的函数进行了规范说明[13]。RBAC 模型的基本思想是通过引入"角色"这一中介建立用户和权限的联系，权限直接指派给角色而不是用户，角色可以指派给用户，用户通过其角色获得对客体的操作权限，实现了用户与权限的逻辑分离。由于 RBAC 可以大幅简化安全策略管理，得到了众多学者和企业的关注，在多个领域得到应用，目前已经成为访问控制领域最受关注的模型[9]。

RBAC 标准模型如图 1-6 所示，该模型包括三个核心元素：用户集、角色集和权限集。用户角色配置关系是用户与角色之间的多对多关系，一个用户可以拥有多个角色，一个角色也可以被指派给多个用户。角色权限配置关系表示角色与权限之间的多对多关系，一个角色可以包含多种权限，一个权限也可以被分配给多个角色。会话由用户创建，在一个会

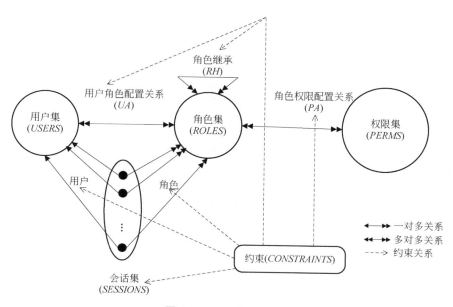

图 1-6 RBAC 标准模型

话中，用户可以激活他所拥有的一部分角色。角色继承表示角色之间存在偏序关系，上层角色拥有其下层角色的所有权限。约束可以作用于模型中的所有元素和关系，可以描述实际应用中的多种安全策略，例如职责分离约束、基数约束和前提约束等。

RBAC 是一种策略中性的访问控制模型，不同的应用系统可通过适合自身的访问控制架构实现不同的访问控制策略，包括 DAC 和 MAC 模型。RBAC 标准模型是一个高度抽象和通用的访问控制模型，它只包含与安全问题相关的元素，不同的应用和研究可以在其中增加与自身需求相适应的元素。RBAC 标准模型只为访问控制的实施提供一个基础框架，并不直接指导访问控制系统的具体实施。

1.3.3.4 基于属性的访问控制模型

基于属性的访问控制（Attribute Based Access Control，ABAC）模型是利用基于主、客体属性以及环境属性的访问规则判别访问的合法性。访问控制规则的建立可以依据任意的主体、客体以及环境属性，增加了规则描述的灵活性和适应性。通过组织间统一的主、客体属性定义，ABAC 能够避免将访问权限直接显式地授予某个主体，因此，人员变动或者组织变动不会影响到访问控制规则，有利于降低访问控制的管理和维护成本。通过调整主、客体属性定义的一致性，在不影响安全等级的同时，身份认证和授权功能可以在相同或独立的基础设施中实现。Gartner 估计[24]，70% 的企业将使用基于属性的访问控制方案作为主导机制来保护内部关键信息资产。

与其他传统访问控制模型相比，ABAC 模型进行了更高层次的抽象（如图 1-7 所示），形成主体属性、客体属性和环境属性，用属性和条件的布尔组合来表示特定操作的授权条件。对于一次访问，必须至少存在一条策略用于描述该客体的访问控制规则，其中包含所允许的主体、操作和环境条件。

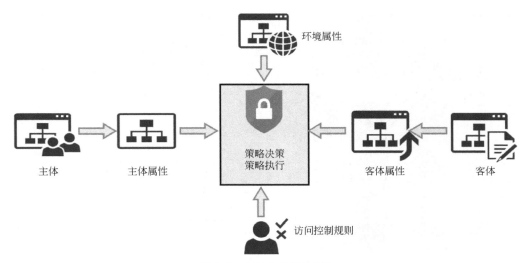

图 1-7　ABAC 机制示意图

1.4

智能制造系统的访问控制

与其他系统的访问控制相比，智能制造系统的访问控制有明显的特点，体现在主体、客体、环境和技术基础等方面。

（1）人员数量庞大且组织结构严密

智能制造环境中工作人员数量庞大，为了更好地协调设计工作，企业往往有严密的组织管理。例如，JSF 联合战斗机的研发团队约有 10000 人[25]。企业中对设计人员的管理一般采用"树形层次化"的结构，设计人员拥有多种身份属性，例如，职务、职称、密级等。产品的设计工作对设计人员的职务、资质等有严格的要求。

（2）数据种类繁多且关系复杂

产品设计、制造、销售、维护过程需要处理的数据数量巨大、种类繁多、关系复杂。例如，一架飞机的零件超过 10 万个，波音 787 在研发过程中，信息的传递量达到 TB 级[26]，波音 777 在研制过程中将飞机分解为 13～17 个大部件以支持并行协同设计。产品零部件具有多种特征[27]，如设计特征、工艺特征和材料特征等。机械产品中，每个零件都不是独立存在的，且零件参数之间存在相互配合、相互制约的关系。

（3）产品的生命周期长

产品设计、制造、维护等工作是一个不断决策、协调矛盾、逐步优化的过程，所以产品一般具有较长的生命周期。例如，先进战斗机的设计工作耗时可能超过 20 年，传动系统的设计耗时要以月为单位，一次辐射噪声的仿真计算需要 2～3 周。为了保证数据的安全性和一致性，需要对权限的使用进行更加严密的控制。

（4）系统具有全面的集成性

智能制造系统是以现有的各种信息系统为基础的，其访问控制要充分考虑当前的技术现状。现有的制造业信息系统所采用的访问控制模型不尽相同，使用较为广泛的访问控制模型包括"基于角色的访问控制""强制访问控制""基于任务的访问控制"等。由于智能制造系统的集成性，在充分利用新的技术研究成果的同时，必须能够融合现有的制造业信息系统。

1.5

研究现状与问题分析

智能制造系统的特点要求访问控制手段综合化和多样化、访问控制管理方式简单化。

为了满足其访问控制需求，针对智能制造系统的访问控制研究需要包含下列四个方面：

① 支持动态安全策略的访问控制模型。由于数据数量大且关系复杂，人员数量众多且组织严密，授权工作不可能针对每一个数据和人员进行，必须采用批量授权方式。在企业的实际工作中，总是通过制定相应的安全规章制度来对人员的访问进行控制。在产品的整个生命周期中，人员和数据的状态是不断改变的，只有在系统运行时才能确定人员和数据的当前状态，并根据当前状态确定访问的合法性，因此，访问控制策略是动态的。

② 实现工作流的安全访问。在智能制造环境中，存在很多相互衔接、自动进行的业务活动或任务。通过实施工作流，实现业务自动化，一方面可大幅提高工作效率，另一方面可实现对数据的有序处理。为了保证数据的安全性，并遵循最小特权原则，工作流访问控制的重要特点是要求数据流和权限流保持同步，因此，需要对权限的使用进行更加严格的限制，才能保证数据的一致性。

③ 提供用户之间的权限委托机制。产品开发的特点是有大量的人员参与，且开发时间较长，在产品设计、制造、试验期间，工作人员出现请假、出差等可能影响产品研发进度的情况是不可避免的。当这种情况出现时，无法继续研发工作的用户应将任务以及完成任务所涉及的权限委托给其他工作人员。权限委托机制体现了访问控制的灵活性，另外，也要注意权限委托会改变原有权限配置，给数据安全带来隐患。

④ 通用的访问控制实施框架。由于智能制造系统的集成特点，智能制造系统需要考虑现有信息系统的访问控制方法。例如，企业信息系统访问控制中包含的密级、角色等元素，分别来源于 MAC 和 RBAC 模型；所包含的"任务"概念，来源于基于任务的访问控制模型。因此，需要一种较为通用的访问控制实施框架，该框架要能够适应和融合多种访问控制策略。

1.6
本书的主要研究内容

根据智能制造系统访问控制存在的问题，结合基于属性的访问控制的思想，解决智能制造系统对访问控制的要求。本书的主要研究内容包括：

（1）基于属性和角色的访问控制模型

借鉴现有基于角色的扩展模型的研究思路，发挥基于属性的访问控制支持动态的、细粒度的访问控制策略的优势，将基于角色的访问控制与基于属性的访问控制结合起来，有助于发挥两种模型的优势，同时避免两种模型的缺点。本书给出了访问控制中属性的定义，并在此基础上提出属性应满足的性质：非空性、唯一性、完备性和分离性。证明了以访控属性为基本元素所定义的权限能够满足访问控制的完全仲裁原则。建立了基于属性和角色的访问控制模型（A-RBAC），给出了模型的形式化定义。该模型能够满足智能制造系统对动态的、细粒度的访问控制策略的需求。

（2）基于属性和任务的访问控制模型

针对工作流中权限配置与使用的要求，将属性概念贯穿到任务权限的定义、配置和使用的整个过程中，为权限控制提供更加丰富的约束。提出基于属性和任务的访问控制模型，模型中将代表用户工作的进程作为执行访问的直接主体，引入包含任务和任务状态信息的"任务步"概念，使进程和权限相关的任务步的匹配关系成为权限使用的先决条件，把权限的使用限制在与任务相关的工作中。在模型的实施机制中引入"义务"概念，以支持动态的权限管理策略。

（3）访问控制系统中可控的权限委托机制

讨论访问控制系统中可控的权限委托实现机制，通过引入"控制权限"，使得权限委托只能以授予或者传递的方式，执行有限的权限委托，从而限制了权限的扩散。把权限委托过程分为委托声明和委托接受，以保证权限委托的安全性。讨论了权限委托的条件，制订了权限委托的实施流程。总结了权限撤销的类型以及各类型权限撤销发生的条件。

（4）访问控制系统的统一实施框架

针对智能制造系统需要综合多种访问控制策略的需求，建立支持多种访问控制策略的访问控制统一实施框架（ACEF），该框架包含了访问控制中最基本的元素和关系，通过这些元素和关系能够统一表达现有主流访问控制策略，有助于建立集中的访问控制管理。框架采用模块化设计，包括策略管理模块（PAM）、策略决策模块（PDM）、事件响应模块（ERM）和策略实施模块（PEM），使业务系统与访问控制解耦，有利于智能制造系统的开发和维护。

最后，介绍本书研究成果的一个应用案例——"协同工作集成平台"的访问控制系统。说明访问控制的架构设计、关键实现技术。该系统将访问控制服务与访问控制应用解耦。在访问控制的应用端，采用面向切面的编程思想，将访问控制代码集中处理，提高了访问控制的开发和维护效率。

参考文献

[1] 周济, 李培根. 智能制造导论[M]. 北京：高等教育出版社, 2021.

[2] 刘强. 智能制造理论体系架构研究[J]. 中国机械工程, 2020,31(01):24-36.

[3] 王凤英, 程震. 网络与信息安全(第二版)[M]. 北京：中国铁道出版社, 2010.

[4] Atul Kahate. 密码学与网络安全（第二版）[M]. 金名, 等译. 北京：清华大学出版社, 2009.

[5] 安葳鹏, 刘沛骞. 网络信息安全[M]. 北京：清华大学出版社, 2010.

[6] 陈红松. 网络安全与管理[M]. 北京：北京交通大学出版社, 2010.

[7] 王凤英. 访问控制原理与实践[M]. 北京：北京邮电大学出版社, 2010.

[8] Power R. Tangled web: tales of digital crime from the shadows of cyberspace[M]. London: Macmillan Press Ltd. , 2000.

[9] Fuchs L, Pernul G, Sandhu R. Roles in information security-a survey and classification of the research area[J]. Computers & Security, 2011, 30(8): 748-769.

[10] Sandhu R S，Samarati P. Access control: principles and practice[J]. IEEE Communications Magazine, 1994, 32(9): 40-48.

[11] Saltzer J H, Schroeder M D. The protection of information in computer systems[J]. Proceedings of the IEEE, 1975, 63(9):1278-1308.

[12] Latham D C. Department of defense trusted computer system evaluation criteria [J]. Department of Defense, 1986.

[13] No D. International Committee for Information Technology Standards (INCITS) [J]. February, 2003.

[14] Graham G S, Denning P J. Protection: principles and practice [C]// Proceedings of the May 16-18, 1972. Spring Joint Computer Conference, 1971: 417-429.

[15] Harrison M A, Ruzzo W L, Ullman J D. Protection in operating systems [J]. Communication of the ACM, 1976, 19(8):461-471.

[16] Sandhu R S. The typed access matrix model[C]// IEEE Symposium on Security and Privacy, 1992: 122-136.

[17] Zhang X, Li Y, Nalla D. An attribute-based access matrix model [C]// Proceedings of the 2005 ACM Symposium on Applied Computing, 2005: 359-363.

[18] Bell D E, LaPadula L J. Secure computer systems: mathematical foundations [R]. MITRE CORP BEDFORD MA, 1973.

[19] Biba K J. Integrity considerations for secure computer systems[R]. MITRE CORP BEDFORD MA, 1977.

[20] Ferraiolo D F, Kuhn D R. Role-Based Access Control[C]// 15th National Computer Security Conference, 1992:554-563.

[21] Sandhu R S, Coyne E J, Feinstein H L, et al. Role-based access control models[J]. Computer, 1996, 29(2):38-47.

[22] Sandhu R, Bhamidipati V, Munawer Q. The ARBAC97 model for role-based administration of roles[J]. ACM Transaction on Information and Systems Security(TISSEC), 1999, 2(1):105-135.

[23] Sandhu R S, Munawer Q. The ARBAC99 model for administration of roles[C]// 15th Annual Computer Security Applications Conference. Washington: IEEE Computer Society, 1999,229-238.

[24] Hu V C, Kuhn D R, Ferraiolo D F. Attribute-based access control[J]. Computer, 2015, 48(2): 85-88.

[25] 任晓华. JSF 制造技术综述[J]. 航空制造技术，2002(02): 43-48.

[26] Abarbanel B, Mcneely W. Flythru the boeing 777, 1996.

[27] 陶剑，范玉青. 基于协同环境的大型飞机研制流程[J]. 航空制造技术，2009(02): 66-70.

第 2 章

基于属性和角色的访问控制模型

2.1
简述

基于角色的访问控制（RBAC）模型是目前应用最为广泛的访问控制模型。该模型通过引入"角色"概念，可极大地简化授权管理，角色作为联系用户与权限的桥梁，把授权工作分为两个独立的部分：用户与角色的关联和权限与角色的关联。用户通过角色获得授权。由于智能制造系统中数据量和用户量都比较大，因此，在访问控制中充分利用 RBAC 模型简化授权管理这一优点非常必要。

但是，RBAC 模型却难以描述动态的安全策略，例如：

① 在零件的设计阶段，只有零件的设计负责人能够修改零件的参数，其他用户不能读取和修改该零件的参数；

② 零件设计完成之后，任何人都不能修改零件的参数，符合条件的用户（符合密级要求等）可读取零件参数。

RBAC 模型是静态授权，而零件在其生命周期中的不同阶段要采用不同的访问控制策略。"角色"概念的含义与企业中的"岗位"类似，是用户的集合，而对零件的访问控制并非完全依赖"角色"，还要考虑其他因素，例如，是否是零件的负责人以及用户与数据的密级匹配关系。

基于属性的访问控制（ABAC）模型利用属性描述主客体，具有强大的表达能力，能够描述动态的、细粒度的访问控制策略。2010 年，Kuhn 等[1]提出可在 RBAC 模型中融入属性以增强 RBAC 模型的表达能力，随后，基于属性和基于角色的混合访问控制模型成为访问控制研究领域的重要研究方向。Jin 等[2]提出了以角色为中心的基于角色和属性的访问控制模型，通过增加以用户属性和客体属性为基础的权限过滤策略，限制用户激活角色的可用权限，从而在一定程度上避免出现大量权限配置差异不大的相似角色。但是，由于角色权限配置过程中未考虑用户属性和客体属性，可用的用户属性及客体属性制约权限过滤策略的制订；由于没有对访问控制中的属性进行深入分析，难以满足客体属性动态变化对访问控制的要求。

上述研究虽然提出了整合 RBAC 和 ABAC 模型的方法，但是，尚不能满足智能制造系统对访问控制的要求，其主要问题体现在两个方面：①ABAC 模型的研究还不成熟，甚至还没有一个被广泛接受的"属性"定义，因此，无法系统地将 RBAC 和 ABAC 模型整合得到访问控制模型；②在 RBAC 与 ABAC 模型结合方式上，目前的研究采用叠加方法，这种做法会大幅增加权限管理的难度，使 RBAC 模型的优势不能充分得到发挥。

本章以智能制造系统的访问控制需求为出发点，提出基于属性和角色的访问控制模型（A-RBAC）。首先，详细分析基于角色访问控制（RBAC）标准模型的结构，说明 RBAC 模型的特点；其次，给出访问控制中属性的定义、属性应满足的性质和运算规则；然后，在上述分析的基础上，将属性"融入"RBAC 模型中，建立 A-RBAC 模型，给出模型的形式化定义；最后，说明 A-RBAC 模型的可实施性。

2.2
研究热点

为了支持动态的安全策略，目前主要通过两种方式实现：一种是扩展 RBAC 模型（xRBAC）；另一种是基于属性的访问控制模型（Attribute Based Access Control， ABAC）。访问控制研究领域一个重要的研究方向是整合 ABAC 和 RBAC 模型，以提高访问控制模型的表达能力，本书把这些研究成果作为 ABAC 模型的研究范畴。

（1）xRBAC

针对某些系统对时间约束的要求，例如时态数据库，Bertino 等[3]提出了 TRBAC（Temporal Role Based Access Control）模型，支持角色的周期使能，使角色激活必须满足所设定的约束条件。为了支持更加广泛的时间约束，Joshi 等[4]在 TRBAC 模型的基础上提出了更加通用的模型 GTRBAC（Generalized Temporal Role Based Access Control），该模型能够表达角色层次、用户角色配置和角色权限配置的周期性和持续性约束，并支持职责分离在时间上的细粒度约束。在 Joshi 等的后续研究中[5,6]，进一步分析了 GTRBAC 模型中的角色继承语义并深入讨论了该模型的应用背景和设计理念。黄建等[7]针对 TRBAC 模型应用系统中的一致性状态维护进行了讨论和分析。

在需要把空间位置作为访问控制约束的应用中，例如，基于位置的服务和移动系统，需要利用位置信息限制主体的访问权限。2006 年，Daimani 等提出了 Geo-RBAC 模型[8]，该模型引入"空间实体"概念，把"空间实体"与 RBAC 模型中的用户、客体和角色建立联系，用户只有处于某位置时才能激活相关的角色。Daimani 等的工作为空间位置敏感的应用建立了一个较为通用和灵活的访问控制实施框架。Kirkpatrick 和 Bertino[9]针对移动应用领域实施 Geo-RBAC 模型时遇到的挑战，结合使用控制模型[10]的思想，提出了更为详细的访问控制实施框架。Ray 等[11]对位置关系进行了广泛的讨论，并把这些关系作为约束权限的重要因素，提出了 LRBAC（Location-aware RBAC）模型。

在分布式应用环境中，多个自治域之间存在信息交互和共享，为了满足这种环境中的访问控制需求，保证互操作的安全性，多种面向跨域访问的 RBAC 模型被提出[12]，其中要解决的关键问题是角色的动态转换。Kapadia 等提出了 IRBAC2000 模型[13]，该模型分析了域间角色层次之间的关系，通过建立管理域间的角色映射机制支持灵活的动态角色转换，使用比较简单的方法解决两个安全域间的互操作问题，但是没有解决多个安全域间的信任关系，角色映射不能跨越更多的安全域[14]。随后，一些学者对 IRBAC2000 模型中的角色互斥约束对角色动态转换的影响进行了研究[15,16]。2005 年，Shehab 等[17,18]提出了基于 RBAC 模型的多域访问控制框架，该框架依据用户的历史访问记录实现跨域访问的本地决策。多域访问控制框架有两种实施方式：集中式和分布式。集中式的安全策略集成框架能够处理多个域的关系[19]，有利于建立整体优化的跨域关系；分布式框架则更适应多域的实时性、动态性等特点。在分布式框架方面，胡劲纬等[20]提出了基于 RBAC 模型的分布式跨域访问框架，以解决职责分离约束条件下的最大跨域访问问题；在分布式跨域访问框架中，寻找管理员的最小集合是 NP 完全问题[21,22]，寻找满足约束的最大跨域访问集合也是 NP 完全问题[23]。2012 年，Gouglidis 和 Mavridis 提出了 domRBAC 模型[24]，该模型在 RBAC 标准模型中增加了一个新的元素——Container，借助这一元素实现多域之间的角色继承问题和职责分离约束问题，并给出了该模型的详细实施框架。

CapBAC 在物联网环境中已经实现了轻量级的分布式的访问控制，而且支持动态性和可扩展性。CapBAC 的分布式设计避免了使用集中式服务器所带来的单点故障问题，但是 CapBAC 在物联网中轻量级的设备上实现分布式的访问控制决策时，轻量级设备并不能保证自己的安全性，有可能会被攻击者通过安全性薄弱的物联网设备作为突破口威胁到访问控制的安全[25]。

（2）ABAC

基于属性的访问控制能够解决复杂信息系统中的细粒度访问控制和大规模用户动态

扩展问题[26]，其突出优点是具备强大的表达能力[27]。由于 ABAC 模型为网络环境提供了较理想的访问控制方案，ABAC 模型已成为复杂计算系统安全领域的研究热点[28]。ABAC 模型的核心思想是以属性（组）作为授权的基础，通过定义属性之间的匹配关系表达复杂的授权和访问控制策略与约束。属性可以从不同的视角描述实体，能够表达细粒度、动态的访问控制策略，从而增强访问控制系统的灵活性和可扩展性。目前，ABAC 模型的研究尚未形成统一的定义，也没有标准化的模型。

在 Web 服务的访问控制中，采用 ABAC 模型的思想建立的访问控制系统符合 Web 服务的动态特征。Coetzee 等[29]提出了面向 Web 服务的访问控制研究应解决的关键问题，即基于属性的实时动态访问决策和策略合成。Bertino 等提出的基于属性的 Web 服务访问控制模型[30]中引入了属性值域限制，在访问控制策略中考虑了主体和客体属性。Yuan 等[31]探讨了 ABAC 模型在 Web 服务中的应用，分析了以属性为基础的授权架构和策略描述方式，其访问控制决策依据主体属性、资源属性和环境属性。王小明等[32,33]把实体属性概念引入面向服务的授权和授权责任担保，提出了加权表决授权和承诺-担保授权模型。Mewar 等[34]引入"属性透露限制"概念扩展了 Web 服务中的 ABAC 模型，为 Web 服务中的联邦安全提供了有效的解决方案。

在网格计算的访问控制中，ABAC 模型可充分发挥其灵活性和可扩展性的优势。Huai[35]将 ABAC 模型应用到 CROWN 网格项目中，实现了细粒度的访问控制。Chirstian 等[36]基于 XACML 标准为电子商务系统构建了支持灵活的单点登录的 AAI 模型。Laborde 等[37]利用属性授权系统 Shibboleth 协调组织间的认证，通过组合 ABAC 模型、隐私管理基础设施为网格计算中的虚拟组织提供了一个安全的协作环境。Lang 等[38]指出，在网格计算中，通过合理的设计和构建，ABAC 模型可以包容 DAC、MAC 和 RBAC 模型。Kandala 等[39]建立了基于属性的框架，解决包括网格计算在内的大型计算系统的风险协调访问控制问题。

在 ABAC 模型相关的理论研究方面，Wang 等[40]将 RBAC 模型和信任管理的思想结合起来，提出了一种 ABAC 概念模型，对 ABAC 模型策略的分散属性、属性授权委托、属性推理、属性值域等进行了分析。Michael[41]提出了使用上下文属性来捕获移动环境动态性质的上下文敏感的 ABAC 模型。李晓峰等[42]讨论了 ABAC 模型中访问请求、属性权威、策略和判定过程之间的关系。殷石昌等[43]针对开放环境，利用属性信息的特征，定义了完备的动态授权策略，构建了基于属性的多策略组合访问控制机制。林莉等[44]基于属性刻画了实体间的授权关系，通过属性值的计算结果扩展了现有策略合成形式化框架。

ABAC 模型作为一种新的访问控制理念，具有表达能力强、能够支持动态访问控制策略和易于实施等优势[45]。把 ABAC 模型的理念融入 RBAC 模型中，有助于发挥两种访问控制模型的优势，这已经成为访问控制领域一个重要的研究方向[46]。

2.3
RBAC 标准模型

在 RBAC 模型的发展过程中，有两个重要的里程碑：1996 年，Sandhu 在对基于角色的访问控制进行了系统分析的基础上，提出了 RBAC 模型族；2004 年，美国国家标准研究所（ANSI）对 RBAC 模型的含义和使用进行了规范化说明，并发布了 RBAC 标准模型。RBAC 标准模型及其层次关系如图 2-1 所示。

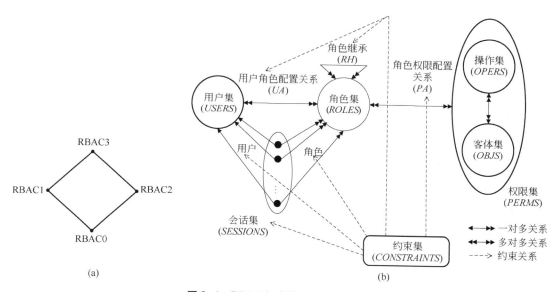

图 2-1　RBAC 标准模型及其层次关系

该模型分为三个层次，包括 RBAC0、RBAC1、RBAC2 和 RBAC3，如图 2-1（a）所示。模型中包含的元素包括用户集（USERS）、角色集（ROLES）、权限集（PERMS）、会话集（SESSIONS）、角色继承（RH）、约束集（CONSTRAINTS），以及各元素之间的关系，其中用户角色配置关系（UA）和角色权限配置关系（PA）是最核心的关系，如图 2-1（b）所示。

（1）基本模型 RBAC0

基本模型 RBAC0 是 RBAC 系统的核心部分，是 RBAC 模型的最小元素集合，包括用户集、角色集、权限集、会话集以及用户角色配置关系和角色权限配置关系。基本模型实现了 RBAC 模型最为核心的功能：以角色为中心进行授权，不同的角色被赋予不同的权限子集，用户被授予不同的角色，用户通过其角色获得相应的权限。在企业中，相比于人员所指派的角色，角色所拥有的权限相对稳定，因此，当人员发生变动时，只需要调整人员角色，而不需要对众多权限进行重新组织和配置，因此，可大幅度降低系统安全管理的负担。

基本模型 RBAC0 的形式化定义 [1]为：

（ⅰ）USERS、ROLES、OPERS、OBJS 分别表示用户集、角色集、操作集和客体集。

（ⅱ）$UA \subseteq USERS \times ROLES$，表示用户角色配置关系，为多对多关系。

（ⅲ）$assigned\_users\,(role: ROLES) \rightarrow 2^{USERS}$，表示角色到用户子集的映射关系，规范表示为：

$$assigned\_users\,(role) = \{user \in USERS \,|\, (user, role) \in UA\}$$

（ⅳ）$PERMS = 2^{(OPERS \times OBJS)}$，表示权限集。

（ⅴ）$PA \subseteq PERMS \times ROLES$，表示角色权限配置关系，为多对多关系。

（ⅵ）$assigned\_permissions\,(role: ROLES) \rightarrow 2^{PERMS}$，表示角色 role 到权限子集的映射关系，规范表示为：

$$assigned\_permissions(role) = \{perm \in PERMS \,|\, (perm, role) \in PA\}$$

（ⅶ）$Op(\,perm: PERMS) \rightarrow \{oper \subseteq OPERS\}$，表示权限与操作的映射关系，权限 perm 对应一个操作子集。

（ⅷ）$Ob(\,perm: PERMS) \rightarrow \{obj \subseteq OBJS\}$，表示权限与客体的映射关系，权限 perm 对应一个客体子集。

（ⅸ）SESSIONS 表示会话集。

（ⅹ）$session\_user(session: SESSIONS) \rightarrow USERS$，表示会话与用户的映射关系，一个会话 session 对应一个用户。

（ⅺ）$session\_roles(session: SESSIONS) \rightarrow 2^{ROLES}$，表示会话与角色的映射关系，规范表示为：

$$session\_roles\,(session) = \{role \in ROLES \,|\, (session\_user(session), role) \in UA\}$$

（ⅻ）$avail\_session\_perms(session: SESSIONS) \rightarrow 2^{PERMS}$，一个用户在一次会话中拥有的权限集为：

$$\bigcup_{role \in session\_roles(session)} assigned\_permissions\,(role)$$

（2）层次模型 RBAC1

为了反映实际组织机构中上下级的权限传递关系，简化系统的管理负担，在基本模型 RBAC0 的基础上增加角色继承的概念，角色继承是角色之间的偏序关系。对于两个角色 $role_1$ 和 $role_2$，如果 $role_1$ 是 $role_2$ 的上级角色，则 $role_1$ 拥有 $role_2$ 的全部权限。例如，在机械

---

[1] 形式化定义有两方面的含义：1 给出模型中元素精确的定义；2 形式化定义应包含实施该模型需要的全部元素和关系，对应于程序设计中的变量和函数。访问控制模型的形式化定义采用 Z 规范描述语言（ISO/IEC-13568）。

产品开发过程中，常用的角色包括：设计员、分析员、主任设计师和总工程师。设计员负责产品结构设计；分析员对结构设计进行仿真分析；主任设计师拥有设计员和分析员的全部权限并拥有其他权限；总工程师的权限则包括主任设计师的全部权限和其他权限。上述四个角色的继承关系如图 2-2 所示。

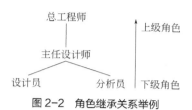

图 2-2　角色继承关系举例

层次模型 RBAC1 的形式化定义为：

（ⅰ）$RH \subseteq ROLES \times ROLES$，表示角色之间的继承关系，以符号"$\geq$"表示继承。若存在 $role_1 \geq role_2$，那么，$role_1$ 拥有 $role_2$ 的全部权限，并且，$role_1$ 关联的所有用户也与 $role_2$ 关联，可规范表示为：

$$role_1 \geq role_2 \Rightarrow assigned\_permissions\ (role_2) \subseteq assigned\_permissions\ (role_1)$$

（ⅱ）$authorized\_users(role : ROLES) \rightarrow 2^{USERS}$，表示角色继承中角色与用户子集的映射关系，规范表示为：

$$authorized\_users(role) = \{user \in USERS \mid role \geq role',\ (user, role') \in UA\}$$

（ⅲ）$authorized\_permissions(role : ROLES) \rightarrow 2^{PERMS}$，表示角色继承中，角色与权限子集的映射关系，可规范表示为：

$$authorized\_permissions(role) = \{perm \in PERMS \mid role \geq role',\ (perm, role') \in PA\}❶$$

（3）约束模型 RBAC2

约束模型 RBAC2 在 RBAC0 的基础上增加了约束检查，增加约束被认为是 RBAC 模型提出的动机之一，目的是描述多种上层安全策略，其中，最为重要的是职责分离约束。职责分离约束来源于现实工作中的"两人原则"，对于一个敏感任务，必须由两个用户共同参与才能完成，任何一个用户都不能单独完成。在访问控制中，职责分离约束体现为单个用户不能完全拥有完成一项敏感任务的所有权限。

RBAC2 模型中采用间接的方式实现职责分离约束，即采用静态角色互斥约束和动态角色互斥约束。如果角色 $role_1$ 所拥有与角色 $role_2$ 拥有的权限相冲突的权限，则 $role_1$ 与 $role_2$ 是互斥角色。静态角色互斥约束要求互斥角色不能指派给同一用户。动态角色互斥约束中

---

❶ 美国国家标准，参见文献[25]，关于该定义的描述为：$authorized\_permissions(role) = \{perm \in PRMS \mid role' \geq role,\ (perm, role') \in PA\}$，其中的条件 $role' \geq role$ 是错误的，文献[47]也指出了该问题，因此，文中对表达式做了修正。

互斥角色可以指派给同一用户，但是，用户不能同时激活互斥角色。RBAC2 模型中对静态角色互斥约束（Static Mutually Exclusive Roles, SMER）和动态角色互斥约束（Static Mutually Exclusive Roles, DMER）[1]的定义为：

（ⅰ）静态角色互斥约束：

$$\forall Roles \in 2^{ROLES}, n \in \mathbf{N}, 且 2 \leqslant n \leqslant |Roles|$$

$$\forall Roles' \subseteq Roles$$

$$(Roles, n) \in SMER : |Roles'| \geqslant n \Rightarrow \cap_{\text{role} \in Roles} assigned\_users(role) = \mathbf{\Phi}$$

其中，$\mathbf{N}$ 为自然数集；"|·|"表示集合中元素的个数，满足关系 $2 \leqslant n \leqslant |Roles|$；$SMER$ 表示所有静态角色互斥约束的集合；$\mathbf{\Phi}$ 表示空集。该定义的含义是，若（$Roles, n$）是一个静态角色互斥约束，角色集合 $Roles$ 中授予任一用户的角色数量不能达到或超过 n 个。

（ⅱ）动态角色互斥约束：

$$\forall Roles \in 2^{ROLES}, n \in \mathbf{N}, 且 2 \leqslant n \leqslant |Roles|$$

$$\forall Roles' \subseteq Roles$$

$$\forall session \in SESSIONS$$

$$(Roles, n) \in DMER : Roles' \subseteq session\_roles(session) \Rightarrow |Roles'| < n$$

其中，$DMER$ 表示所有动态角色互斥约束的集合。该定义的含义是，若（$Roles, n$）是一个动态角色互斥约束，在一个会话中，$Roles$ 集合中同时被激活的角色数量不能达到或超过 n 个。

（4）层次约束模型 RBAC3

层次约束模型 RBAC3 包含层次模型 RBAC1 和约束模型 RBAC2，但不是 RBAC1 和 RBAC2 的简单合并。在 RBAC3 模型中，角色继承关系受到约束限制。例如，在受到职责分离约束限制时，如果两个角色 $role_1$ 和 $role_2$ 是互斥角色，则这两个角色不能被高层角色 $role_3$ 同时继承。在角色继承条件下的静态角色互斥约束的定义为：

$$\forall Roles \in 2^{ROLES}, n \in \mathbf{N}, 且 2 \leqslant n \leqslant |Roles|$$

$$\forall Roles' \subseteq Roles$$

$$(Roles, n) \in SMER : |Roles'| \geqslant n \Rightarrow \cap_{\text{role} \in Roles} authorized\_users(role) = \mathbf{\Phi}$$

RBAC 标准模型是从通用的角度考虑访问控制需求，模型中仅包含与安全特性相关的元素。RBAC 标准模型的层次关系［见图 2-1（a）］说明该模型具有开放的结构，可以根据需求在现有模型的基础上增加新的元素。例如，domRBAC 模型增加了"域"元素，以表示角色所属的域，增加了"容器（Container）"元素，作为客体的限制边界。容器是一个抽象的概念，用于表示客体所处范围的边界，可以是时间边界、空间边界等，从而使客体的控制增加灵活。

---

[1] RBAC 标准中给出的静态职责分离约束（Static Separation of Duty）和动态职责分离约束（Dynamic Separation of Duty）的定义，实际上是静态互斥角色约束和动态角色互斥约束，在 RBAC 中，角色互斥约束是职责分离约束的一种间接实现方式，因此，修改了这两个定义的名称。

2.4

A-RBAC 模型

　　现实生活中的实体可以通过实体特性来进行有效区分，这种可以对实体进行区分的实体特性称为实体属性。使用实体属性这一核心概念对主体、客体和权限进行统一描述，用属性或属性组来区分不同的实体集合，并通过这种方式实现主体对客体的安全访问，能够满足协同开发环境中细粒度和动态安全策略对访问控制提出的要求。近年来已经提出了一些以实体属性为基础的决策约束，用于访问控制决策过程，但是，在访问控制中，属性的含义仍然是比较模糊的，如何把属性概念融入到访问控制中，尚无被广泛接受的标准。

　　ABAC 的核心思想是基于属性来授权，而不是直接在主体和客体之间定义授权。图 2-3 给出了基于属性的访问控制中所包含的基本元素及其关系。

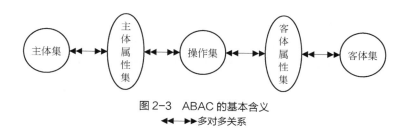

图 2-3　ABAC 的基本含义
◄◄━►►多对多关系

　　充分利用 RBAC 开放的结构，在对属性概念深入分析的基础上，把属性融入到 RBAC 中，建立基于属性和角色的访问控制模型，既可以维持 RBAC 便于管理的优势，又可以借助属性增强该模型的表达能力。

2.4.1　属性的定义

　　定义 2-1　访控属性：为一定范围内的对象提供访问控制服务的，可标定实体某种性质的变量，该变量具有预先确定的、离散的、有限的定义域。

　　一个访问控制系统总是对一定范围内的对象进行约束，即信息系统中所需要管理的用户和所有敏感数据。对于系统范围内的用户和数据，访问控制系统必须给出能够访问或者不能访问的确切判断结果。

　　任何实体的属性都可认为是无穷的，基于属性的访问控制中所使用的属性必须能够为访问控制服务，因此本书把访问控制中使用的实体属性称为"访控属性"。例如，为了表达和实现某零件的设计者与其他用户对该零件拥有不同的访问权限，则零件的属性中应包括"*owner*"属性，当用户访问该零件的信息时，可根据"*owner*"属性判断用户是否是该零件的设计者，从而进一步确定其访问是否合法。

所选择的用于访问控制的属性必须具有明确的含义，可以用于标定实体的某种性质，否则，将使基于属性的访问控制策略表达难以被理解。访控属性是变量，其实际取值需要在系统运行时确定，并作为判断访问是否合法的依据。属性的定义域必须是离散的，访问控制策略的制定者能够清楚地分辨该属性所有取值（取值区间）的含义。属性定义域中包含的元素数量必须是有限的，如果定义域中所包含的元素过多，使得访问控制策略的制订工作负担过重甚至难以完成。例如，当采用密级表示用户和数据的敏感程度时，密级的值域是{一般，秘密，机密，绝密}，每个取值都在涉密人员和涉密信息的相关法规中有明确的规定。

Saltzer 和 Schroeder 于 1975 年提出的计算机安全保护机制的完全仲裁原则，要求对每一个对象的每一次访问都必须经过检查，以确认是否已经得到授权。从这一原则出发，访问控制对权限有两方面的要求：①权限所规定的访问范围应是明确的，称之为权限的明确性；②权限集对系统内所有的访问应是完备的，称之为权限的完备性。权限的明确性是指，对于某权限，凡是被授予了该权限的用户，执行该权限范围内的访问时，总是被允许的，凡是未被授予该权限的用户，不能执行该权限范围内的访问。权限集的完备性是指，对于指定操作集和实体集的任一访问，权限集中总是存在一个权限用于确定当前访问是否是合法的。下面关于实体属性的讨论将围绕这两方面的要求展开。

一般情况下，制订访问控制策略时需要多个属性，以描述不同的访问控制规则，因此，本书提出属性元组的概念。

定义 2-2 属性元组：是一组相互独立、共同作用于一定范围实体的属性组合。

下面以 E 表示全体实体的集合，Φ 表示空集，e 表示实体对象，a 表示访控属性，属性元组 $AT : <a_1, a_2, \cdots, a_n>$ 表示描述对象多个性质的一组属性，$D(a_i)$ 表示实体属性 a_i 的定义域，并以 "." 表示属性与实体的所属关系。则任一属性取值都确定了一个实体子集 $S(a_i = v)$，即

$$S(a_i = v) = \{e \mid e.a_i = v\} \tag{2-1}$$

访控属性应满足下面四个性质：

① 非空性：$\forall e \in E$, $e.a_i \neq \text{NULL}$。

② 唯一性：$\forall e \in E$, $\forall x \in D(a_i)$, $\forall y \in D(a_i)$, 若 $x \neq y$, 则 $(e.a_i = x \wedge e.a_i = y) = \text{False}$。

③ 完备性：$\forall a_i \in AT$, $\bigcup_{v \in D(a_i)} S(a_i = v) = E$。

④ 分离性：$\forall a_i \in AT$, $\forall x \in D(a_i)$, $\forall y \in D(a_i)$, 若 $x \neq y$, 则 $S(a_i = x) \cap S(a_i = y) = \Phi$。

其中，NULL 表示空值，"$\wedge$" 表示逻辑与，False 表示逻辑假。"非空性"要求系统中对象必须处于访控属性规定的某种状态。"唯一性"要求系统中对象不能同时处于某一访控属性规定的两种状态。"完备性"的含义是，对于某一属性，所有实体在该属性上的取值都

在该属性的定义域内，即通过对该属性的赋值，可以指向实体集 E 中的所有实体。若实体属性不满足完备性，那么，以此属性形成的访问控制策略则无法作用于某些实体，当用户访问这些实体时，访问控制系统无法判断访问是否合法。"分离性"表示，对于一个属性而言，它的两个不同取值，所指向的实体不存在交集，否则，以此属性形成的访问控制策略会产生二义性。例如，若存在

$$e_i \in S\,(a_i{=}x) \cap S\,(a_i{=}y)，\ x \ne y$$

某角色 $role$ 的访问权限规定为：①$role$ 可以读 $S(a_i{=}x)$ 的对象；②$role$ 不能读 $S(a_i{=}y)$ 的对象。那么当角色 $role$ 的成员用户向实体对象 e_i 发出读操作请求时，访问控制系统可得出两个完全相反的决策结果，必须避免这种情形出现。

在基于属性的访问控制中，属性的取值是指定或者描述实体子集的决定因素，方便起见，应首先定义赋值属性元组。

定义 2-3　赋值属性元组：访问控制系统中与属性元组 $AT : <a_1, a_2, \cdots, a_n>$ 相对应的一组属性取值，表示为 $ATv:<v_1, v_2, \cdots, v_n>$。

赋值属性元组表示了全部属性共同作用下的实体子集，任一赋值属性元组所确定的实体子集 $S\,(ATv)$ 为：

$$S\,(ATv) = S\,(a_1 = v_1) \cap S\,(a_2 = v_2) \cap \cdots \cap S\,(a_n = v_n) \qquad (2\text{-}2)$$

定理 2-1　对应于确定的属性元组，任意两个不相等的赋值属性元组所确定的实体子集是分离的。

证明：对应于确定的属性元组 $AT : <a_1, a_2, \cdots, a_n>$，两个赋值属性元组 ATv_1 和 ATv_2 分别为：

$$ATv_1 :<v_1^{(1)}, v_2^{(1)}, \cdots, v_n^{(1)}>$$
$$ATv_2 :<v_1^{(2)}, v_2^{(2)}, \cdots, v_n^{(2)}>$$

若 $ATv_1 \ne ATv_2$，则在两个赋值属性元组的所有对应属性取值中，至少有一组是不相等的，不妨设

$$v_1^{(1)} \ne v_1^{(2)}$$

那么，根据集合交运算的交换律和结合律，可得

$$S(ATv_1) \cap S(ATv_2) = [S(a_1 = v_1^{(1)}) \cap S(a_2 = v_2^{(1)}), \cdots, S(a_n = v_n^{(1)})]$$
$$\cap [S(a_1 = v_1^{(2)}) \cap S(a_2 = v_2^{(2)}), \cdots, S(a_n = v_n^{(2)})]$$
$$= [S(a_1 = v_1^{(1)}) \cap S(a_1 = v_1^{(2)})] \cap [S(a_2 = v_2^{(1)}), \cdots, S(a_n = v_n^{(1)})]$$
$$\cap [S(a_2 = v_2^{(2)}), \cdots, S(a_n = v_n^{(2)})]$$
$$= \Phi \cap [S(a_2 = v_2^{(1)}), \cdots, S(a_n = v_n^{(1)})] \cap [S(a_2 = v_2^{(2)}) \cdots, S(a_n = v_n^{(2)})]$$
$$= \Phi$$

推论 2-1　对应于确定的属性元组 $AT : <a_1, a_2, \cdots, a_n>$，所有赋值属性元组把实体集划分

为 $\Pi_{i=1}^{n}\left|D(a_i)\right|$ 个互不相交的子集。

证明：任一赋值属性元组为一个组合，从每一个属性的定义域中取一个值即可得到一个组合，组合的总数符合乘法规则，总数为

$$C_{\left|D(a_1)\right|}^{1} \times C_{\left|D(a_2)\right|}^{1} \times \cdots \times C_{\left|D(a_n)\right|}^{1} = \Pi_{i=1}^{n}\left|D(a_i)\right|$$

由定理 2-1 可知，任意两个不相等的赋值属性元组所确定的实体子集是分离的。

通过属性元组可把实体集合 E 划分为 $\Pi_{i=1}^{n}\left|D(a_i)\right|$ 个互不相交的子集，这是基于属性的访问控制模型能够建立细粒度的访问控制策略的重要原因。例如，采用开发阶段、密级、是否是产品的设计负责人作为实施访问控制的客体属性，且各属性的值域如下：

开发阶段：{概念设计，初步设计，详细设计}；

密级：{一般，秘密，机密，绝密}；

是否是产品的设计负责人：{TRUE，FALSE}。

则以上三种客体属性可以把客体分为 24 个互不相交的子集。

定义 2-4 赋值属性元组集：对应于确定的属性元组的所有赋值属性元组的集合。

对应于确定的属性元组 $AT : <a_1, a_2, \cdots, a_n>$，由推论 2-1 可知，其赋值属性元组集的数量为 $\Pi_{i=1}^{n}\left|D(a_i)\right|$ 个。下面将赋值属性元组集记为 ATS。

定理 2-2 对应于确定的属性元组，其赋值属性元组集中所有的赋值属性元组所确定的实体子集的并集为实体集 E。

证明：由实体属性的完备性可知，$\forall\, e \in E$，$\exists(ATv : <v_1, v_2, \cdots, v_n>)$，使 $e \in S(ATv)$，定理得证。

2.4.2 A-RBAC 模型

根据对访控属性的分析和定义，采用访控属性有利于对信息系统中的实体进行细粒度的管理。RBAC 标准模型中的用户集、角色集和客体集都包含大量的成员，对这些成员采用基于属性的管理，可充分发挥"属性"的优势。本书把融入了属性概念的 RBAC 模型称为基于属性和角色的访问控制模型（Attribute and Role Based Access Control, A-RBAC），如图 2-4 所示。

该模型虽然以 RBAC 为基础进行扩展，但是把属性和角色作为同等级别的元素，其原因是，访问控制中引入角色的概念的动机之一是对访问控制中的用户和操作进行分组管理，角色既可以视为用户的集合，也可以视为权限的集合。本书在 RBAC 基础上引入属性元素，同样包含对访问控制中的元素进行分组管理的动机。

A-RBAC 模型在 RBAC3 模型的基础上增加了用户赋值属性元组集（$UATS$）、角色赋值属性元组集（$RATS$）和客体赋值属性元组集（$OATS$），三个赋值属性元组集分别与用户

集、角色集和客体集关联。该模型完全继承了 RBAC 模型，以角色作为授权的枢纽，保证了高效的授权管理。A-RBAC 模型对 RBAC 模型中的用户、角色、客体进行了扩展，增加了用户属性、角色属性和客体属性，能够为访问控制提供更大的空间。

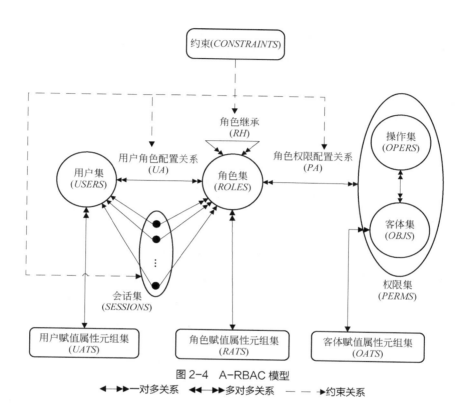

图 2-4　A-RBAC 模型

◀▶▶一对多关系　◀◀▶▶多对多关系　— —▶约束关系

　　A-RBAC 模型要求在设计访问控制系统时，统筹考虑企业的安全规章制度，针对不同的安全规则，设置不同的访控属性。访控属性是制订访问控制规则的基础，在访问控制系统的设计初期所规定的访控属性，能够在访问控制的各个方面发挥作用，如用户角色配置、角色权限配置以及权限使用约束。

　　RBAC 模型的主要优点是可进行全面的权限分析和实现高效的用户角色管理，A-RBAC 模型可充分发挥这两个优点，下面就这两个方面进行说明。

（1）权限分析

　　访问控制中对权限有两方面的要求：①权限所规定的访问范围是明确的；②权限集对系统内所有的访问是完备的。权限的明确性是指，凡是被授予了某权限的用户，执行该权限范围内的访问时，总是被允许的，凡是未被授予该权限的用户，不能执行该权限范围内的访问。权限集的完备性是指，对于指定操作集和实体集的任一访问，权限集中总是存在一个权限用于判断该访问的合法性。

定义 2-5 访问：操作与客体的二元关系。

为了后续权限分析的方便，把访问表示为：

$$access := \frac{obj}{oper}$$

其中，$obj \in OBJS, oper \in OPERS$。

定义 2-6 权限：操作与客体子集的二元关系，客体子集通过客体赋值属性元组确定。

权限所规定的访问范围是一个访问子集，权限 $perm$ 可表示为：

$$perm := \frac{S(OATv)}{oper}$$

其中，$OATv \in OATS, oper \in OPERS$。

由权限的定义可知，任意两个权限如果相等则两个权限应针对相同的操作类型和相同赋值属性元组。即任给两个权限 $perm_1 := \frac{S(OATv_1)}{oper_1}$，$perm_2 := \frac{S(OATv_2)}{oper_2}$，则

$$perm_1 = perm_2 \Leftrightarrow ((oper_1 = oper_2) \wedge (OATv_1 = OATv_2)) \tag{2-3}$$

若 $perm_1 \neq perm_2$，则

（i）当 $oper_1 \neq oper_2$ 时，由于访问的操作类型是确定的，因此，$perm_1 \cap perm_2 = \Phi$；

（ii）当 $oper_1 = oper_2$，$OATv_1 \neq OATv_2$ 时，根据定理 2-1 可知

$$perm_1 \cap perm_2 = \frac{S(OATv_1)}{oper_1} \cap \frac{S(OATv_2)}{oper_2} = \frac{S(OATv_1) \cap S(OATv_2)}{oper_1} = \Phi$$

因此，在 A-RBAC 模型中，权限所规定的访问范围是明确的。

对于任一操作类型 $oper$，所有的权限为操作 $oper$ 分别与客体赋值属性元组集 $OATS$ 中的所有客体赋值属性元组对应的实体子集形成的二元关系，即

$$\left\{ \frac{S(OATv)}{oper} \mid OATv \in OATS \right\}$$

那么，由定理 2-2 可知，该集合中所有权限可以合并为：

$$\frac{OBJS}{oper}$$

即操作类型为 $oper$ 的任一访问，总可以找到一个与该访问相匹配的权限。因此，在 A-RBAC 模型中，权限集对访问是完备的。

（2）用户角色管理

在访问控制中引入角色的重要优势是角色与实际企业中的岗位具有天然联系，使得角色的定义易于理解和管理。企业的实际组织一般为具有优先次序的树形结构，根据这一特点，使角色属性元组和用户属性元组中包含相同的"组织属性"，例如单位、部门等，以反

映用户和角色在企业或机构中的组织关系。通过"组织属性"约束角色和用户，可使角色与岗位的天然联系更为具体。

定义 2-7 组织属性：反映用户和角色组织关系，存在严格偏序关系的访控属性。

例如，单位、部门、分部门之间的偏序关系为：单位＞部门。同时，组织实体存在下面的关联关系：

$$\{单位\} \longleftrightarrow \{部门\}$$

层次相邻的上级组织实体与下级组织实体之间存在一对多的关系，如上例，一个单位包含多个部门。从用户集合的角度来看，组织实体与一个用户子集关联，角色同样与一个用户子集关联，因此，上述偏序关系和关联关系可延伸至角色，如表 2-1 所示。

表 2-1　组织实体-角色-用户的关系表

单位	部门 1	角色 1-1	用户子集 1
		角色 1-2	用户子集 2
		角色 1-3	用户子集 3
	部门 2	角色 2-1	用户子集 4
		角色 2-2	用户子集 5
		角色 2-3	用户子集 6
	部门 3	角色 3-1	用户子集 7
		角色 3-2	用户子集 8
		角色 3-3	用户子集 9

组织与角色/用户之间的关系需要从两个方向说明，当描述组织偏序关系时，使用组织实体，例如(单位). (部门 1). (角色 1-1)。

当描述角色\用户的组织属性时，使用组织实体的标示符作为角色\用户的组织属性，例如，(角色 1-1)的部门属性的值为(部门 1)，即(角色 1-1). (部门)=(部门 1)。

访问控制系统中组织属性取值（标示符）应相对稳定，否则将影响全局的权限设置。例如，由于"单位名称"可能会改变，进而影响访问控制系统的权限配置，所以采用"单位 ID"更为适当。

把"组织属性"作为对角色的约束，可以避免不同单位角色名称的冲突，并能够实现对角色权限的高层约束。例如，角色具有"单位"属性，各单位定义角色时不必考虑是否会与其他单位的角色重名；中心单位可以把权限约束定义到"单位"级，即对目标单位的所有角色进行约束。

组织属性依然满足实体属性的完备性和对立性，见图 2-5，三个部门所对应的用户子集的并集为全体用户，各个部门所包含的用户不存在交集。下面以符号 a_z 表示某一组织属性，D_z 表示该组织属性的定义域，v_z 表示该组织属性的某一取值，以 $U(condition\_1)$ 和 $R(condition\_2)$ 表示满足某条件的用户子集和角色子集，组织属性对角色\用户的限制需要满足下列三个条件：

条件 1：$\forall user \in USERS$，有且只有一个 $v_z \in Dz$，使 $user \in U(a_z = v_z)$；

条件 2：$\forall role \in ROLES$，有且只有一个 $v_z \in Dz$，使 $role \in R(a_z = v_z)$；

条件 3：$\forall v_z \in Dz$，$\forall user \in U(a_z = v_z)$，则 $R(user) \subseteq R(a_z = v_z)$。

上述三个条件把用户和角色约束在组织实体中，因此，称为"组织约束"。

2.4.3　A–RBAC 的形式化定义

对应于 RBAC 模型族，A-RBAC 模型也包括 A-RBAC0、A-RBAC1、A-RBAC2 和 A-RBAC3，并保持 RBAC 模型族各模型之间的层次关系。本书仅给出 A-RBAC0 模型的形式化定义，A-RBAC2 模型除了保持 RBAC2 中的角色互斥约束外，增加组织约束，A-RBAC1 和 A-RBAC3 的定义分别与 RBAC1 和 RBAC3 相同。

在下面的形式化定义中，标记"*"的为本书扩展的元素，未标记的是 RBAC 标准模型中定义的元素。A-RBAC0 的形式化定义：

（ⅰ）USERS、ROLES、OPERS、OBJS 分别表示用户集、角色集、操作集和客体集。

（ⅱ*）AS, ua∈AS, ra∈AS, oa∈AS 分别表示属性集、用户属性、角色属性和客体属性。

（ⅲ*）$D_x := dom(a_x)$, $a_x \in AS$，表示属性 a_x 的定义域，该定义域是离散的且长度有限的。

（ⅳ*）$UAT := <ua_1, ua_2, \cdots, ua_m>$，表示由 m 个用户属性组成的用户属性元组。

（ⅴ*）$RAT := <ra_1, ra_2, \cdots, ra_n>$，表示由 n 个角色属性组成的角色属性元组。

（ⅵ*）$OAT := <oa_1, oa_2, \cdots, oa_k>$，表示由 k 个客体属性组成的客体属性元组。

（ⅶ*）$UATv := <uv_1, uv_2, \cdots, uv_m>$，表示与 UAT 对应的用户赋值属性元组。

（ⅷ*）$RATv := <rv_1, rv_2, \cdots, rv_n>$，表示与 RAT 对应的角色赋值属性元组。

（ⅸ*）$OATv := <ov_1, ov_2, \cdots, ov_k>$，表示与 OAT 对应的客体赋值属性元组。

（ⅹ*）UATS、RATS、OATS 分别表示用户赋值属性元组集、角色赋值属性元组集和客体赋值属性元组集。

（ⅺ*）$(UATv: UATS) \rightarrow 2^{USERS}$，表示用户赋值属性元组与用户子集的映射关系。

（ⅻ*）$(RATv: RATS) \rightarrow 2^{ROLES}$，表示角色赋值属性元组与角色子集的映射关系。

（ⅹⅲ*）$(OATv: OATS) \rightarrow 2^{OBJS}$，表示客体赋值属性元组与客体子集的映射关系。

（ⅹⅳ*）$perm := \dfrac{S(OATs_v)}{oper}$, $oper \in OPERS$, $S(OATs_v) \subseteq OBJS$，表示权限。

（ⅹⅴ）PERMS 表示权限集。

（ⅹⅵ）$UA \subseteq USERS \times ROLES$，表示用户角色配置关系，为多对多关系。

（ⅹⅶ）$assigned\_users(r: ROLES) \rightarrow 2^{USERS}$，表示角色到用户子集的映射关系。

（ⅹⅷ）$PA \subseteq PERMS \times ROLES$，表示角色权限配置关系，为多对多关系。

（ⅹⅸ）$assigned\_permissions(r: ROLES) \rightarrow 2^{PERMS}$，表示角色 r 到权限子集的映射关系。

（ⅹⅹ）*SESSIONS* 表示会话集。

（ⅹⅹⅰ）*session_user*(*session*: *SESSIONS*)→*USERS*，表示会话与用户的映射关系，一个会话 *session* 对应一个用户。

（ⅹⅹⅱ）*session_roles*(*session*: *SESSIONS*)→2^{ROLES}，表示会话与角色的映射关系，规范表示为：

$$session\_roles\ (session) = \{role \in ROLES\ |\ (session\_user(session), role) \in UA\ \}$$

（ⅹⅹⅲ）*avail_session_perms*(*session*: *SESSIONS*)→2^{PERMS}，一个用户在一次会话中拥有的权限集为：$\bigcup_{role \in\ session\_roles(session)} assigned\_permissions\ (role)$。

2.5
A-RBAC 模型的可实施性

目前，关系数据库是信息系统最主要的数据存储管理工具，本节针对这种数据存储方式说明 A-RBAC 模型的可实施性。协同设计环境采用关系数据库管理存储数据时，用户发出对某客体的访问请求后，系统首先从数据存储区获得该客体的属性，然后根据用户的权限配置判断访问的合法性，最后根据权限检查结果确定是否执行用户的访问请求，这种处理访问请求的方式时间成本较高。另外，由于存在大量角色，如果针对每种角色的访问权限进行代码实现，则会出现大量冗余代码，降低系统的模块化水平，提高系统升级和维护的成本。

利用查询修改方法可解耦访问控制部分与业务部分，使系统实现良好的模块化。查询修改方法是指对用户发送的关系数据库查询语句（SQL）进行用户透明的修改，以反映系统对数据库查询的特殊要求。协同开发环境实施访问控制时，采用 A-RBAC 模型可利用查询修改方法将权限作为 SQL 语句的附加条件。

例如，为了从访问者是否是零件负责人、零件的密级和零件所处的开发阶段三个方面限制访问者对客体的访问权限，指定客体属性元组为：

$$OAT = <isOwner, secret, phase>$$

$$D_{isOwner} = \{True, False\}$$

$$D_{secret} = \{秘密, 一般\}$$

$$D_{phase} = \{设计阶段, 完成阶段\}$$

系统中存储齿轮数据的数据库表如表 2-2 所示。表中 owner 列存储齿轮的负责人索引号，为客体属性元组中的 *isOwner* 属性的判断提供信息；secret 列存储齿轮的密级，为客体属性元组中的 *secret* 属性的判断提供信息；phase 列存储齿轮所处的开发阶段，为客体属性元组中的 *phase* 属性的判断提供信息；teethNum、module 和 presAng 分别存储齿轮的齿数、模数和压力角，是齿轮的具体信息值。实际工程中一般包括更多的具体信息，这里简化处理，并不影响对访问控制相关问题的讨论。

表 2-2 齿轮数据表

id	owner	secret	phase	teethNum	module	presAng
0001	user02	秘密	设计阶段	37	3	20

需要指出的是，id 列存储了齿轮对象的全局唯一索引值，在齿轮对象的整个生命周期中，齿轮对象的 id 是不变的，因此，id 为齿轮对象的定位提供了最可靠、最精确的信息。但是，id 不宜用于访问控制策略的制定，首先，id 值没有明确的物理含义，使用 id 值制定的访问控制策略难以理解；另外，在现代信息系统中，数据对象是海量的，而每一个数据对象的 id 都是全局唯一的，针对单一数据对象进行授权是不现实的。

采用属性元组限制客体子集，则把所有客体分为数量有限的子集，针对客体子集进行授权，权限管理任务负担较轻。本例中所使用的客体属性元组将客体子集分为 8 个互不相交的子集。采用赋值属性元组确定的客体子集是动态的，随着数据对象的属性变化，对象将处于不同的子集中，对其访问的限制随之改变，因此，权限是动态的。本例中，齿轮对象所处的开发阶段必然随着开发工作的进行而改变；根据保密规定的年限，齿轮对象的密级会降低。

需要特别说明的是客体属性元组中的 *isOwner*（是否是零件负责人）属性，该属性的值需要根据访问者和客体负责人信息在系统运行时确定，更加清楚地显示了权限的动态性。

简明起见，下文中仅涉及数据库操作中的 *select* 和 *update*。结构设计部门包含两个角色：工程师和高级工程师，分别记为 $role_1$ 和 $role_2$，且 $role_2 > role_1$。系统规定这两个角色都不能修改用于权限控制的属性：*owner*、*secret* 和 *phase*。

$role_1$ 的权限配置为：

$$assigned\_permissions(role_1) = \begin{cases} \dfrac{S(isOwner = Fasle, secret = 一般, phase = 完成阶段)}{select} \\ \dfrac{S(isOwner = True, secret = 一般, phase = 完成阶段)}{select} \\ \dfrac{S(isOwner = True, secret = 一般, phase = 设计阶段)}{select} \\ \dfrac{S(isOwner = True, secret = 一般, phase = 设计阶段)}{update} \end{cases}$$

工程师角色 $role_1$ 可以读取处于完成阶段且非秘密级的所有数据，可以读取和修改自己负责的、处于设计阶段的零件数据，但不能修改已经处于完成阶段的齿轮数据。

高级工程师角色继承工程师角色的全部权限，$role_2$ 权限配置为：

$$assigned\_permissions(role_2) = \begin{cases} \dfrac{S(isOwner = Fasle, secret = 秘密, phase = 完成阶段)}{select} \\ \dfrac{S(isOwner = True, secret = 秘密, phase = 完成阶段)}{select} \\ \dfrac{S(isOwner = True, secret = 秘密, phase = 设计阶段)}{select} \\ \dfrac{S(isOwner = True, secret = 秘密, phase = 设计阶段)}{update} \end{cases}$$

高级工程师角色 $role_2$ 在工程师角色 $role_1$ 的基础上增加了一些权限,可以读取处于完成阶段且秘密级的所有数据,可以读取和修改自己负责的、处于设计阶段的秘密级零件数据,但不能修改已经处于完成阶段的齿轮数据。因此,高级工程师角色 $role_2$ 的可用权限为:

$authorized\_permissions(role_2) = assigned\_permissions(role_1) \cup assigned\_permissions(role_2)$

系统中的两个用户 user01 和 user02 分别被指派为角色 $role_1$ 和 $role_2$。

用户访问数据库中的信息时,访问控制系统需要根据用户信息、访问的客体信息和角色配置,判定访问的合法性。访问关系数据库的方式为发送 SQL 语句。如果按照上述的方式实现访问控制,则一个成功访问至少要对数据库操作两次,一次操作从数据库获得必要的信息用于权限检查,访问被允许后,再将用户请求发送至关系数据库系统。信息系统中的访问控制将会增加系统的负担,因此,提高访问控制的执行效率有重要的意义。

采用 A-RBAC 模型作为访问控制实施的理论依据,在以关系数据库为数据存储对象的机械产品协同开发环境中,可以利用查询改写方法将权限附加到 SQL 语句中,直接发送到数据库,减少系统对数据库的访问次数,降低访问控制给系统带来的负担。

下文中涉及的 SQL 语句根据 Oracle 数据库的规定编写。如果用户要读取数据库表 t_gears 中的齿轮数据时,提交的 SQL 语句为 Q_0,即

Q_0: SELECT teethNum, module, presAng FROM t_gears

如果当前用户为 user01,则系统根据用户的访问权限,自动将查询语句 Q_0 修改为 Q_1,即

Q_1: SELECT teethNum, module, presAng FROM t_gears WHERE

　　　　(secret = '一般' AND phase = '完成阶段')

　　　OR (owner = 'user01' AND secret = '一般' AND phase = '设计阶段')

由于齿轮 0001 不在 user01 的读取权限规定的访问范围,因此,数据库并不返回该齿轮的数据。

如果当前用户为 user02,则 Q_0 被修改为 Q_2,即

Q_2: SELECT teethNum, module, presAng FROM t_gears WHERE

　　　　(phase = '完成阶段')

　　　OR (owner = 'user02' AND phase = '设计阶段')

由于齿轮 0001 在 user02 的读取权限规定的访问范围，因此，数据库将返回该齿轮的数据。

从齿轮 0001 的状态可知，用户 user02 正在对该齿轮进行设计，工作尚未完成。当 user02 要修改齿轮的数据时，例如，用户 user02 希望把齿轮的齿数由 37 修改为 38，则提交 SQL 语句 Q_3，即

Q_3: UPDATE t_gears SET teethNum = 38 WHERE id=0001

系统修改 Q_3 为 Q_4，即

Q_4: UPDATE t_gears SET teethNum = 38 WHERE id=0001

  AND owner = 'user02' AND phase = '设计阶段'

由于 user02 对齿轮 0001 数据的修改在其权限范围内，因此，齿数将由 37 改为 38。

若用户 user01 向系统发送 SQL 语句 Q_3，系统将把该语句修改为 Q_5，即

Q_5: UPDATE t_gears SET teethNum = 38 WHERE id=0001

   AND owner = 'user01' AND secret = '一般' AND phase = '设计阶段'

user01 的请求不会被执行。

当齿轮 0001 的设计工作完成之后，并且随着保密期满，其状态发生改变，如表 2-3 所示。

表 2-3　齿轮数据表

id	owner	secret	phase	teethNum	module	presAng
0001	user02	一般	完成阶段	37	3	20

这种状态下，两个用户 user01 和 user02 向系统发送 SQL 语句 Q_0 时，系统将返回该齿轮的数据。两个用户向系统发送 SQL 语句 Q_3 时，系统将拒绝修改该齿轮的数据。

协同开发环境可采用图 2-5 所示的实施逻辑，把协同开发环境分为三个部分，业务部分、访问控制和数据存储。业务部分要为用户提供各种所需的功能；访问控制对用户的访问范围进行限制；数据存储利用关系数据库进行。三个部分存在明显的界限，有利于协同开发环境的模块化设计，从而提高协同开发环境软件系统的可维护性。利用查询修改直接将访问权限融合到业务部分发送的 SQL 语句中，不会增加对数据库的访问压力。

本章针对协同设计环境提出了基于角色和属性的访问控制模型，首先给出了访控属性的明确定义，提出了访控属性应具备四种性质：非空性、唯一性、完备性、分离性。证明了赋值属性元组所限制的实体子集的满足分离性和完备性。在 RBAC 模型中增加用户赋值属性元组集、角色赋值属性元组集和客体赋值属性元组集，提出了 A-RBAC 模型。该模型增强了标准 RBAC 模型的表达力，能够满足协同开发环境在访问控制方面的以下要求：①协同设计环境中数据类型动态变化条件下的灵活授权；②保证协同设计环境中分布式授

权的安全性；③在以关系数据库作为存储工具的协同开发环境中，采用查询修改方法解耦访问控制与业务系统，有利于系统的模块化实现。

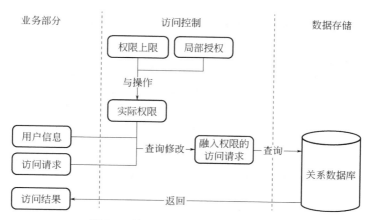

图 2-5　协同开发环境访问控制逻辑简图

参考文献

[1] Kuhn D R, Coyne E J, Weil T R. Adding attributes to role-based access control[J]. Computer, 2010, 43(6):79-81.

[2] Jin X, Sandhu R, R Krishnan. RABAC: Role-Centric Attribute-Based Access Control [C]// International Conference on Mathematical Methods, Models, and Architectures for Computer Network Security. Berlin:Springer, 2012: 84-96.

[3] Bertino E, Bonatti P A, Ferrari E. A temporal role-based access control model[J]. ACM Transactions on Information and System Security, 2001, 4(3):58-90.

[4] Joshi J B D, Bertino E, Latif U, et al. A generalized temporal role-based access control model[J]. IEEE Transactions on Knowledge and Data Engineering, 2005, 17(1): 4-23.

[5] Joshi J B D, Bertino E, Ghafoor A. An analysis of expressiveness and design issues for the generalized temporal role-based access control model [J]. IEEE Transactions on Dependable and Secure Computing, 2005, 2(2): 157-175.

[6] Chandran S M, Joshi J B D. Towards administration of a hybrid role hierarchy[C]// IRI-2005IEEE International Conference on Information Reuse and Integration, 2005, 500-505.

[7] 黄建，卿斯汉，温红子. 带时间特性的角色访问控制[J]. 软件学报，2003(11)：1944-1954.

[8] Damiani M L, Bertino E, Catania B, et al. GEO-RBAC: a spatially aware RBAC [J]. ACM Transactions on Information and System Security, 2007, 10(1):2-e5.

[9] Kirkpatrick M S, Bertino E. Enforcing spatial constraints for mobile RBAC systems [C]// Proceedings of the 15th ACM Symposium on Access Control Models and Technologies, 2010:99-108.

[10] Park J, Sandhu R. The UCONABC usage control model [J]. ACM Transactions on Information and System Security(TISSEC), 2004, 7(1):128-174.

[11] Ray I, Kumar M, Yu L. LRBAC: a location-aware role-based access control model [C]// International Conference on Information Systems Security. Berlin:Springer, 2006, :147-161.

[12] 吴迪. 分布式环境下基于角色的互操作的访问控制技术研究[D]. 杭州: 浙江大学，2006.

[13] Al-Muhtadi A K J, IRBAC 2000: secure interoperability using dynamic role translation [C]// In Proceedings of the 1st International Conference on Internet Computing, 2000.

[14] Jajodia S, Samarati P, Sapino M L，et al. Flexible support for multiple access control policies[J]. ACM Transactions on

Database Systems(TODS), 2001, 26(2):214-260.

[15] 廖俊国, 洪帆, 朱贤, 等.多域间动态角色转换的职责分离[J].计算机研究与发展, 2006(06):1065-1070.

[16] 翟征德, 徐震, 冯登国. 域间动态角色转换中的静态互斥角色约束违反[J]. 计算机研究与发展, 2008(04): 677-683.

[17] Shehab M, Bertino E, Ghafoor A. SERAT: secure role mapping technique for decentralized secure interoperability[C]// Proceedings of the tenth ACM Symposium on Access Control Models and Technologies, 2005:159-167.

[18] Shehab M, Bertino E, Ghafoor A. Secure collaboration in mediator-free environments[C]// Proceeding of the 12th ACM Conference on Computer and Communications Security, 2005:58-67.

[19] Yao W, Moody K, Bacon J. A model of OASIS role-based access control and its support for active security[J]. ACM Transactions on Information and System Security(TISSEC), 2002, 5(4):492-540.

[20] Hu J, Li R, Lu Z. Establishing RBAC-based secure interoperability decentralized multi-domain Environments[C]// International Conference on Information Security and Cryptology, Berlin: Springer, 2007:49-63.

[21] Hayton R J, Baeon J M, Moody K. Access control in an open distributed environment[C]// 1998 IEEE Symposium on Security and Privacy, 1998:3-14.

[22] Belokosztolszki A, Eyers D M, Pietzuch P R, et al. Role-based access control for Publish/subscribe middleware architectures[C]// Proceedings of the 2nd International Workshop on Distributed Event-Based Systems, 2003:1-8.

[23] Michael Sipser. 计算理论导引（英文版第 3 版）[M]. 北京：机械工业出版社，2015.

[24] Gouglidis A, Mavridis I. domRBAC: an access control model for modern collaborative systems[J]. Computers & Security, 2012, 31(4):540-556.

[25] 史锦山, 李茹. 物联网下的区块链访问控制综述[J]. 软件学报，2019,30(06):1632-1648.

[26] Han R F, Wang H X, Xiao Q, et al. A united access control model for systems in collaborative commerce [J]. Journal of Networks, 2009, 4(4):279-289.

[27] Jin X, Krishnan R, Sandhu R. A unified attribute-based access control model covering DAC, MAC and RBAC [C]. IFIP Annual Conference on Data and Applications Security and Privacy. Berlin: Springer, 2012:41-55.

[28] 王小明, 付红, 张立臣. 基于属性的访问控制研究进展[J]. 电子学报, 2010, 38(07):1660-1667.

[29] Coetzee M, Eloff J H P. Towards web service access control [J]. Computers & security, 2004, 23(7):559-570.

[30] Bertino E, Squicciarini A C, Paloscia I, et al. Ws-AC: a fine grained access control system for web services [J]. World Wide Web, 2006, 9(2):143-171.

[31] Yuan E, Tong J. Attribute based access control for web services [C]// Proceedings of the IEEE International Conference on Web Services. Washington: IEEE Computer Society, 2006:561-569.

[32] 王小明, 赵宗涛, 马建峰. 基于承诺-担保的访问控制模型[J]. 电子学报, 2003(08):1150-1154.

[33] Wang X, Zhao Z. A service oriented voting authorization model[J]. Chinese Journal of Electronics, 2006,15(1):37.

[34] Mewar V S, Aich S, Sural S. Access control model for web services with attribute disclosure restriction [C]// The Second International Conference on Availability, Reliability and Security(ARES′07). Washington: IEEE Computer Society, 2007: 524-531.

[35] Huai J, Zhang Y, Li X, et al. Distributed access control in CROWN groups [C]// 2005 International Conference on Parallel Processing(ICPP′05). Washington: IEEE Computer Society, 2005: 435-442.

[36] Chirstian S, Manuel S, Bjorn M, et al. Attribute-based authentication and authorization infrastructures for e-commerce providers [C]// International Conference on Electronic Commerce and Web Technologies. Berlin: Springer, 2006: 132-141.

[37] Laborde R, Kamel M, Wazan S, et al. A secure collaborative web-based environment for virtual organisations [J]. International Journal of Web Based Communities, 2009,5(2):273-292.

[38] Lang B, Foster I, Siebenlist F, et al. A flexible attribute based access control method for grid computing [J]. Journal of Grid Computing, 2009, 7(2):169-180.

[39] Kandala S, Sandhu R, Bhamidipati V. An attribute based framework for risk-adaptive access control models [C]. 2011 Sixth International Conference on Availability, Reliability and Security, 2011:236-241.

[40] Wang L, Wijesekera D, Jajodia S. A logic-based framework for attribute based access control [C]// Proceedings of the 2004 ACM Workshop on Formal Methods in Security Engineering. New York: ACM, 2004, 45-55.

[41] Michael J, Manoj R. A contextual attribute-based access model [C]// Proceedings of 2006 Workshops on the Move to Meaningful Internet Systems. Berlin:Springer, 2006:1996-2006.

[42] 李晓峰，冯登国，陈朝武，等. 基于属性的访问控制模型[J]. 通信学报，2008(04): 90-98.

[43] 殷石昌，徐孟春，魏峰，等. 开放环境中基于属性的访问控制模型研究[J]. 信息工程大学学报，2008, 9(04):478-481.

[44] 林莉，怀进鹏，李先贤. 基于属性的访问控制策略合成代数[J]. 软件学报，2009, 20(02):403-414.

[45] Coyne E, Well T R. ABAC and RBAC: scalable, flexible, and auditable access management [J]. IT Professional, 2013, 15(03):14-16.

[46] 魏冬冬，盛步云，向伟杰，等. 基于角色和属性的 PDM 系统访问控制模型[J]. 机械设计与制造，2019(12):259-263.

[47] Li N, Byun J W, Bertino E. A critique of the ANSI standard on role-based access control[J]. IEEE Security & Privacy, 2007,5(6):41-49.

第 3 章

基于属性和任务的访问控制模型

3.1
简述

　　工作流是为完成某一目标而由多个相关任务构成的业务流程，在对人员和资源协调管理的基础上，实现处理过程的自动化。在产品设计、制造、维护等过程中引入安全有效的工作流机制，能够更加便捷准确地传递数据，提高协同工作的效率。

　　工作流访问控制的重要目标是保证权限流与数据流的一致性。工作流的特点是对数据的有序处理[1]，其具体方法是把一个工作划分为多个存在时序关系的任务，在不同的任务中对数据的操作是不同的，如图 3-1 所示，产品设计过程至少会有设计、校对、审核等步骤。为了保证数据的一致性，并遵循安全机制的最小特权原则，要求任务与执行任务的权限保持同步。图 3-1 所示的工作流中，相比设计人员 A 和校对人员 B，审核人员 D 的职位的权限一般较高，但是审核人员 D 并没有修改设计的权限，即使发现设计不合理的问题，也只能反馈给设计人员 A 来完成修改。

　　目前，访问控制的研究中最受关注的模型是 Thomas 和 Sandhu 提出的基于任务的访问控制模型（Task-Based Authorization Controls, TBAC）[2]，邓集波和洪帆给出了 TBAC 模型的形式化定义[3]，该模型的核心思想是将权限的有效性与任务及其状态关联。具体做法是引入了"授权步"概念，通过授权步控制任务权限。

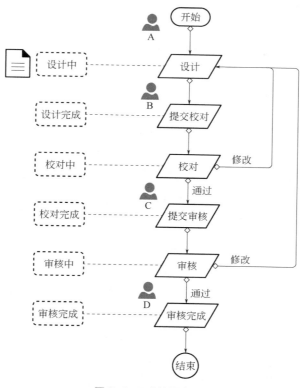

图 3-1　工作流示意图

TBAC 模型虽然能够根据任务状态及时地授予或者撤销执行任务的相关权限，但是，并不能控制用户如何使用这些权限。在产品研发工作中，任务执行时间较长，且工作人员往往同时负责多项任务。在这种环境中，对任务相关权限的使用有更高的要求。例如：

① 在零件的设计过程中，执行者应被授予修改零件 CAD 文件的权限，并要求该权限只能被用于零件设计任务，而不能用于其他目的；

② 在初次执行零件的设计任务时，执行者拥有创建 CAD 文件的权限，但是，经过仿真分析发现设计问题时，零件设计任务需要重复执行，此时，用户只能再对原有 CAD 文件进行修改，而不能再次创建文件，否则会造成数据凌乱。

将属性概念贯穿到任务权限控制的定义、配置和使用的整个过程中，可以对权限控制提供更加丰富的约束，有助于解决上述问题。本章针对智能制造环境下的工作流提出基于属性和任务的访问控制模型（A-TBAC）。在访问控制模型中将进程作为执行访问的直接主体，进程代表用户完成操作，提出包含任务及其状态信息的"任务步"概念，使进程和权限相关任务步的匹配关系成为权限使用的先决条件，在满足权限流与数据流一致性要求的同时，把权限的使用范围限制在完成任务所需的访问中。在模型的约束机制中，详细分析职责分离约束及其实施机制。

3.2
研究热点

在智能制造系统中引入安全有效的工作流机制，能够更加便捷准确地传递数据，提高协同工作的效率[4]。产品研发工作流往往涉及大量敏感信息，保证信息的安全性是工作流应用的基础。访问控制是实现安全工作流的重要组成部分[5]。工作过程可简单地描述为：当任务开始运行时，在授权步中完成任务权限的授予或激活，当任务结束运行时，撤销或休眠执行者的任务权限，从而保证权限流与任务流同步。

在工作流系统中，任务在其整个生命周期中存在多种状态，对不同状态任务的管理和控制方式是不同的，另外，任务的执行存在明确的时序关系，因此，安全工作流中的访问控制有自身的特点。Thomas 和 Sandhu 针对这种时序对象的访问控制做了一系列研究。1993年，他们首次提出了基于任务的访问控制思想[6]，解决伴随任务流执行的动态授权及其安全保护问题；1994 年，给出了基于任务的访问控制模型的基础概念[7]；1997 年明确提出了TBAC 模型[8]。TBAC 模型以面向任务的观点，从任务（活动）的角度来建立安全模型和实现安全机制，在任务处理的过程中提供动态实时的安全管理。模型中的核心概念是"授权步"，每个授权步针对其所对应的任务，根据任务的状态确定可信用户的权限是否有效。但是，Thomas 和 Sandhu 的工作尚缺乏对 TBAC 相关问题的深入分析。邓集波等形式化描述了 TBAC 模型，并给出了 TBAC 模型的安全性分析[3]。尹建伟提出了一个能够支持安全约束的 TBAC 模型[9]。TBAC 模型的主要目标是保证工作流系统中数据流和权限流的同步，其基本方法可简单描述为：当任务开始运行时，在授权步中完成任务执行者的确定和任务权限的授予或激活，当任务结束运行时，撤销或休眠执行者的任务权限。

TBAC 模型作为工作流访问控制的基本模型得到了广泛的讨论和研究。廖旭等针对产品生命周期管理系统对工作流的访问控制需求，提出了将角色和任务结合起来进行授权的访问控制模型[10]。尹建伟等针对 TBAC 模型权限管理和实现机制不足的问题，在任务规则的基础上提出了一种增强权限约束支持的基于任务的访问控制模型，总结了与权限相关的各种约束规则[9]。

在企业环境下，直接实施 TBAC 模型存在权限管理工作负担重的问题，Coulouris 等充分利用 RBAC 模型对权限实现高效管理的优势，将 TBAC 与 RBAC 相结合，提出了基于角色和任务的访问控制模型（T-RBAC）[11]。之后，Oh 等在对 T-RBAC 模型进一步研究[12,13]的基础上，提出了概念更为清晰和完善的 T-RBAC 模型[14]。陈伟鹤等[15]在 T-RBAC 模型的基础上，为了满足大规模 Web 应用环境中的访问控制需求，提出了一种 Web 环境中基于角色和任务的双重访问控制模型。翟治年等针对 TBAC 模型控制粒度较粗的问题，提出了任务状态敏感的访问控制模型，充分考虑了任务在不同状态时的权限差异；在其后续的研究中[16]，把任务和角色的关联视为一种对象，作为授权的桥梁，可大幅降低重复授权，提高授权的效率。上述研究，沿用了 TBAC 模型保证数据流和权限流同步的基本做法，进一步融入"角色"概念，提高了工作流系统中的授权效率。

Bhuyan 等[17]定义了一致性、完整性、简洁性三个质量属性，并开发了一种将工作流访问控制策略映射到上述属性的机制。Ghazal 等[18]针对跨组织的安全信息共享和协作特点，提出了一种基于智能代理的 RBAC（Intelligent Agent-RBAC, IA-RBAC）的解决方案，特别适用于在权限和任务之间建立关联，确保安全可靠的访问控制。熊天虹等考虑组织结构变动在工作流访问控制和授权管理体系中所产生的影响，提出了一种基于职位-角色的访问控制模型，将角色的粒度细化为组织职位，并增加了业务角色的概念，对业务角色授权，用户与职位相联系，职位与业务角色具有映射关系，较好地解决了组织变动对工作流权限管理带来的问题[19]。

3.3
工作流的相关定义

工作流管理联盟对工作流的定义是：工作流是一类能够完全或者部分自动执行的业务过程，它可以按照为实现完整业务目标而定义的一系列过程规则，在不同的参与者之间传递文档、信息或任务。工作流的基本组成元素包括：

① 工作流模板　用来描述业务流程，反映业务流程的目标，包括多个任务及其变迁条件。

② 任务　任务是工作流的基本组成单元。

③ 变迁条件　用来在活动之间导航，决定任务的执行属性，反映业务展开的规则。

④ 相关数据　描述业务流程涉及的数据，包括用于流程控制的数据和任务执行的应用数据。

⑤ 权限　描述任务执行者在任务执行期间所需的访问权限。

⑥ 应用程序　描述任务执行过程中所需的工具和手段。

图 3-2 为工作流各组成元素及元素之间的关系。

一个工作流模板拥有多个任务，所有任务按照规定的次序正确完成之后，标志着一个工作流的完成。为了控制任务的执行并记录任务的执行历史，工作流需要多种数据。任务是工作流的核心概念，每个任务需要使用多个数据，每个数据可能被多个任务使用。任务需要调用应用程序以高效地完成目标，在协同开发环境中，为了完成一项任务，调用对应的应用程序是必须的。一个任务可能调用多个应用程序，每个应用程序也可能被多个任务

调用。应用程序的本质是自动化地处理数据，一个应用程序需要使用多个数据，一个数据
也可能被多个应用程序使用。在任务的整个生命周期内，存在多种状态的变化。任务之间
存在预先制订的次序关系，变迁条件描述了任务状态以及任务之间的流转关系。由于任务
执行过程中涉及大量敏感数据，任务执行者在执行任务过程中，必须拥有相关的权限才能
顺利地完成任务，并保证数据的安全性。一个任务需要引用多个权限，一个权限也可能被
多个任务引用。

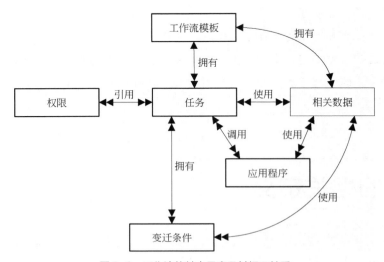

图 3-2　工作流的基本元素及其相互关系

　　工作流系统中有两个重要的概念：工作流模板和工作流实例。工作流模板对应于一类
业务，该业务由多个任务组成，且任务是有序的；工作流实例根据工作流模板生成，作用
于具体的对象。一个工作流模板对应多个工作流实例，工作流实例中与工作流模板中对应
的任务称为任务实例。工作流实例的生成过程称为实例化，实例化的过程为工作流模板生
成一个副本，并在该副本中指定具体的应用对象，如图 3-3 所示。

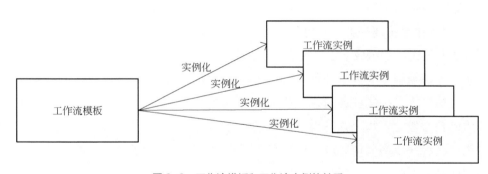

图 3-3　工作流模板和工作流实例的关系

3.4
A–TBAC 模型

协同设计工作流的应用对象是工作流实例。例如，针对减速器噪声分析定义的工作流模板将针对不同的减速器生成相应的工作流实例，但是不同减速器的噪声分析所处理的数据是不同的，参与的人员也可能是不同的，因此，同一工作流模板生成的不同工作流实例可能采用不同的访问控制策略。

3.4.1 模型的构建

基于属性和任务的访问控制模型如图 3-4 所示。其中权限集、用户集、进程集和任务步集是模型的基本元素，能够满足工作流访问控制的基本要求。增加用户属性集、权限属性集、约束集使模型能够适应更多的安全策略。模型中的用户集、客体集、权限集、用户赋值属性元组集、客体赋值属性元组集等概念与本书第 2 章的定义保持一致，为了完整和清晰地描述 A-TBAC 模型，下面仍然对这些概念进行说明，但是采用不同方式。

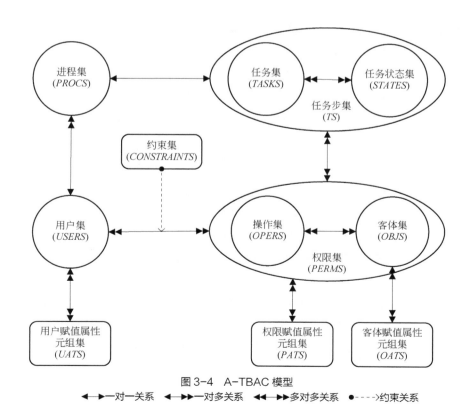

图 3-4 A–TBAC 模型

◀━━▶一对一关系 ◀━━▶一对多关系 ◀◀━▶▶多对多关系 ●┈┈▶约束关系

（1）任务步

任务步（*ts*）是任务（*task*）及其执行状态（*state*）的二元组。任务是工作流的最小元素，任务在其生命周期中存在多种状态，例如，执行状态、挂起状态、完成状态等。在工作流系统中，任务状态及其变迁规则是设计者根据需求预先定义的[14]。任务与任务状态的关系是多对多关系，一个任务存在多个状态，但在某一时刻，一个任务只能处于一个状态，多个任务可能处于相同的状态。所有的任务构成任务集（*TASKS*），所有的状态构成状态集（*STATES*），所有的任务步构成任务步集（*TS*）。集合 *TASKS*、*STATES* 和 *TS* 满足：

$$TS = TASKS \times STATES \tag{3-1}$$

其中，符号"×"表示集合的笛卡儿积。任务步的表达式定义为：

$$ts:<task，state> \tag{3-2}$$

（2）客体赋值属性元组

访问控制中的客体（*obj*）是包含信息的被动实体，例如文件、数据等。所有的客体构成客体集（*OBJS*）。利用客体赋值属性元组能够把客体集划分为多个子集。例如，客体属性集中包括所属域（*dom*）和密级(*sec*)，那么

$$\{obj \mid obj.dom=\text{"CAD"} 且 obj.sec=\text{"秘密"}\}$$

表示所属域为"CAD"，且密级为"秘密"的客体子集。

（3）权限

操作与客体的二元组。所有的操作构成操作集（*OPERS*），所有的权限（*perm*）构成权限集（*PERMS*）。集合 *OPERS*、*OBJS* 和 *PERMS* 满足：

$$PERMS = 2^{OPERS \times OBJS} \tag{3-3}$$

权限集的表达以幂集的形式给出，说明权限可表现为集合。在现代信息系统中，由于数据种类繁多，且数量巨大，难以针对每一个客体设置权限，所以权限一般表现为集合形式。

例 1 权限 perm₁: <update，{*obj* | *obj.dom*="CAD"且 *obj.sec*="秘密"}>的含义是，对所属域为"CAD"，且密级为"秘密"的客体进行修改（update）。

权限与任务步是多对多的关系，一个权限可能与多个任务步关联，一个任务步也可能与多个权限关联。权限与任务步的关联性使权限的有效性受到任务步的限制，从而保证工作流系统中权限流与任务流的一致性。包含任务步信息的权限表示为：

$$perm[ts] \tag{3-4}$$

例 2 接例 1，包含任务步信息的权限：*perm₁*[<*task*="齿轮系建模"，*state*="执行">]的含义是，只有在任务"齿轮系建模"进入"执行"状态，并且在完成该任务的工作中，才能对所属域为"CAD"，且密级为"秘密"的客体进行修改（update）。

（4）权限赋值属性元组

权限属性（*pa*）依据具体的访问控制需求而设置，所有的权限属性构成权限属性元组

（*PAT*）。若存在 pa_1, pa_2, …, pa_n，则包含这些属性信息的权限表示为：

$$perm[ts, <pa_1, pa_2, …, pa_n>] \tag{3-5}$$

例 3　为了对权限的使用次数进行控制，需要为权限增加"可使用次数（*un*）"这一访控属性，其定义域为：

$$D_{un} = \{0, 1, *\}$$

该定义域包括三个值，对于某一权限 *perm*，*un* 每个取值的含义如下：

① *perm.un* = 0，表示权限 *perm* 不能再使用；

② *perm.un* = 1，表示权限 *perm* 只能使用一次；

③ *perm.un* = *，表示权限 *perm* 可以使用多次。

D_{un} 并不包含全体正整数。虽然任一正整数都能明确地表明权限可以使用的次数，但是，过大的数值对安全管理员来说是难以处理的，例如，很难确定一个权限应该使用 100 次还是 101 次。定义域 $D_{un} = \{0, 1, *\}$ 由数据生命周期中的访问情况确定。首先，数据最初并不存在，用户只需创建一次，数据即已存在；其次，对于该数据的读取操作无论执行多少次，都不会改变数据的状态，而且用户读取 1 次和读取多次数据，其获得的信息量是相同的；最后，用户对数据的删除操作只需执行一次，数据即不再存在。

权限与任务步之间存在匹配关系，这种关系可以从两个方向去解释：①把授权步视为权限的属性，要求权限只能在任务步相关的工作中使用；②每个授权步包含多个权限，这些权限是完成任务步相关工作时必需的权限,体现在任务-权限-用户的配置工作中。式（3-5）中采用了第一种解释。

例 4　权限 $perm_2$: <create, {*obj* | *obj.dom*= "CAD"且 *obj.sec*= "秘密"}> [*ts*:< "齿轮系建模"，"执行" >，*un*=1]，其含义是，在完成任务"齿轮系建模"时，可以只能创建一个"秘密"级的"CAD"文件。

（5）用户

能够在某个任务中承担部分或全部工作的人力资源。用户与权限之间是多对多关系，一个用户可以被授予多个权限，一个权限也可以被授予多个用户。权限的授予可表示为函数

$$\text{Boolean assign}（user, perm） \tag{3-6}$$

其中，Boolean 表示该函数返回一个布尔值，若函数返回 True，则表示用户 *user* 拥有权限 *perm*；若返回 False，则表示授权失败。

函数

$$\text{Boolean have}（user, perm） \tag{3-7}$$

表示用户 *user* 是否拥有权限 *perm*。该函数返回一个布尔值，当返回 True 时，表示用户 *user* 拥有权限 *perm*；当返回 False 时，表示用户 *user* 不拥有权限 *perm*。

例 5　接例 3，表达式

have（$user_1$，$perm_1$[<t="齿轮系建模"，s="执行">]）= True

含义是，用户 $user_1$ 拥有权限 $perm_1$，该权限只有在任务"齿轮系建模"进入"执行"状态，且用户执行的访问是用于完成该任务时，才能使用该权限。

（6）用户赋值属性元组

利用用户赋值属性元组能够把用户集划分为多个子集。例如，用户属性集中包括部门（$dept$）、角色（$role$）和密级(sec)，那么

$$\{user \mid user.dept = "结构强度部"，\ user.role = "结构工程师"，user.sec= "秘密"\}$$

表示所属部门为"结构强度部"，角色为"结构工程师"，且密级为"秘密"的用户子集。

（7）进程

进程（$proc$）是具有独立功能的程序在某个数据集合上的一次运行，是代表用户完成访问的活动实体。进程代表用户完成访问过程[15]，所有的进程构成进程集（$PROCS$）。进程与任务步之间是一对一的关系，即在任一时刻，一个进程只能与一个任务步关联。用户与进程之间是一对多的关系，一个用户能够创建多个进程，一个进程只能属于一个用户。工作流中的进程在执行数据访问时，应提供其相应的信息。进程表示为：

$$proc[user，ts] \tag{3-8}$$

进程的任务步信息说明该进程是为完成相应任务而创建的。

用户在完成工作时，需要对数据集进行大量访问，这些访问由进程来完成，访问的形式为：

$$access（proc[user，ts:<task，state>]，oper，obj） \tag{3-9}$$

其含义是，由用户 $user$ 创建的进程 $proc$ 为完成任务 $task$ 服务，任务 $task$ 此时的状态为 $state$，需要对客体 obj 执行操作 $oper$。

对于任意一次访问

$$access<proc_i[user_i，<task_i，state_i>]，oper_i，obj_i>$$

判断访问是否成功，取决于用户是否拥有相应的权限，决策条件描述为：

$$\exists perm_j:<oper_j，OBJ_j>[<task_j，state_j>]，使 have（user_i，perm_j）= True$$

其中，$OBJ_j \subset OBJ$，$oper_i = oper_j$，$obj_i \in OBJ_j$，$task_i = task_j$，$state_i = state_j$。

例 6 接例 4，任务"齿轮系建模"进入"执行"状态后，用户 $user_1$ 要对某一齿轮模型文件 cadfile 进行修改，该文件满足 $cadfile.dom$= "CAD"且 $cadfile.sec$= "秘密"，用户通过其创建的进程进行访问 $access_1$：<$proc_1$[$user_1$，<"齿轮系建模"，"执行">]，update，cadfile>。用户拥有相应的权限 p_1：<update，$\{obj \mid obj.dom$= "CAD"且 $obj.sec$= "秘密"$\}$>，满足上述决策条件，用户 $user_1$ 能够修改文件 cadfile。

（8）约束

在为用户分配权限的过程中，必须遵循一定的约束（c），这些约束的集合称为约束集（C）。用函数

$$Boolean \quad Statsify（c）\tag{3-10}$$

表示访问控制中是否满足某约束 c。Boolean 表示该函数返回一个布尔值，True 表示满足约束，False 表示不满足约束。

访问控制系统中，一种较为重要的约束是职责分离约束（SoD，Separation of Duty），其目标是将存在利益冲突的工作要分配给不同的用户完成，从而避免欺诈行为。职责分离约束包括两种类型：①静态职责分离约束（SSoD），该约束要求两个冲突权限不能分配给同一用户；②动态职责分离约束（DSoD），该约束允许将两个冲突权限分配给同一用户，但是在系统运行时，该用户只能选择使用其中的一个权限。下面以静态职责分离约束为例说明约束在 A-TBAC 模型中的作用。

例 7　在某齿轮系的设计流程中，齿轮系的设计与齿轮系的静力学分析应由两个不同的用户完成，以保证设计的正确性，这两个工作流对应的权限分别是：

$$perm_1[<task=\text{"齿轮系建模"}, state=\text{"执行"}>$$

$$perm_3[<task=\text{"齿轮系静力学分析"}, state=\text{"执行"}>$$

这两个权限是互斥权限，不能同时授予同一用户。

当存在

$$have（user_1, perm_1[<task=\text{"齿轮系建模"}, state=\text{"执行"}>]）= True$$

时，即用户 $user_1$ 已经拥有权限 $perm_1$，那么，在用户权限配置过程中

$$assign（user_1, perm_3[<task=\text{"齿轮系静力学分析"}, state=\text{"执行"}>]）= False$$

3.4.2　模型的形式化定义

根据上文构建的基于属性和任务的访问控制模型，该模型的形式化定义如下：

（ⅰ）$TASKS$ 包含一个工作流实例中包含的全部任务；

（ⅱ）$STATES$ 包含任务的全部状态；

（ⅲ）$TS=TASKS \times STATES$，表示任务步集；

（ⅳ）$USERS$，$OBJS$，$OPERS$ 分别表示用户集、客体集和操作集；

（ⅴ）$(UATv: UATS) \to 2^{USERS}$，表示用户赋值属性元组与用户子集的映射关系；

（ⅵ）$(OATv: OATS) \to 2^{OBJS}$，表示客体赋值属性元组与客体子集的映射关系；

（ⅶ）$perm := \dfrac{S(OATs_v)}{oper}$，$oper \in OPERS$，$S(OATs_v) \subseteq OBJS$，表示权限；

（ⅷ）$PATv$ 表示权限赋值属性元组；

（ix）$perm[ts，PATv]$，$ts \in TS$，表示与任务步和权限赋值属性元组的权限；

（x）$proc[user，ts]$，$user \in USERS$，$ts \in TS$，表示与用户和任务步关联的进程；

（xi）$assign（user，perm）\rightarrow \{True，False\}$，表示是否把权限 $perm$ 授予用户 $user$；

（xii）$have（user，perm）\rightarrow \{True，False\}$，表示用户 $user$ 是否拥有权限 $perm$；

（xiii）C 表示约束集；

（xiv）$satisfy(c) \rightarrow \{True，False\}$，表示用户 $u \in U$ 是否满足约束 $c \in C$；

（xv）$access（proc[user，ts]，oper，obj）\rightarrow \{True，False\}$，$obj \in OBJS$，表示一次访问，判断访问是否合法需要得到系统的验证；

（xvi）$（access（proc_i[user_i，<task_i，state_i>]，oper_i，obj_i）= True）\Rightarrow$

$（\exists perm_j:<oper_j，OBJ_j>[<task_j，state_j>]$，使 $have（user_i，perm_j）= True）$ （3-11）

其中，$OBJ_j \subset OBJ$，$oper_i = oper_j$，$obj_i \in OBJ_j$，$task_i = task_j$，$state_i = state_j$，表示工作流系统中一次成功访问的必要条件。

3.5
职责分离约束

在具体的工程应用中，访问控制约束是多种多样的，往往与企业或者组织的需求相关，本节仅讨论在工作流访问控制系统中比较重要的、应用广泛的约束——职责分离约束，包括静态职责分离约束和动态职责分离约束。静态职责分离约束是指相同的用户不能同时"拥有"两个存在利益冲突的访问权限；动态职责分离约束是指相同的用户不能同时"激活"两个存在利益冲突的访问权限。

3.5.1 静态职责分离约束

首先定义职责分离函数 f_s：

$$f_s(perm) = \{perm' \mid perm' 与 perm 存在职责分离关系\}$$

要保证静态职责分离约束的正确性，则需满足以下条件：

① $\forall perm_2 \in f_s(perm_1)$，则 $perm_1 \in f_s(perm_2)$，且 $perm_1 \neq perm_2$。

表示职责分离约束是双向的，并且只能作用在不同的权限上。

② $\forall perm_2 \in f_s(perm_1)$，且存在

$$have(USERS_1，perm_1)=True, USERS_1 \subset USERS$$

$$have(USERS_2，perm_2)=True, USERS_2 \subset USERS$$

则 $USERS_1 \cap USERS_2 = \Phi$，$\Phi$ 表示空集。

表示两个存在职责分离关系的任务权限不能分配给相同的用户。

3.5.2 动态职责分离约束

动态策略需要根据系统运行时用户对权限的使用情况实时地修改权限配置，为此，借鉴 XACML 中的"义务"概念[16]，其动机是要求用户在进行特定的访问之后，由系统完成一些与用户访问相关的工作，例如记录日志、发送邮件等。本书把"义务"定义为事件、条件和响应的三元组：

$$\text{obligation: } <event,\ conditions,\ response> \tag{3-12}$$

事件（$event$）是进程完成的某种操作；响应（$response$）是指事件发生后系统对权限配置的更新；条件（$conditions$）决定响应是否执行。"义务"的格式为：

WHEN event($x_1, x_2, \cdots, x_k$)

IF (conditions)　THEN

response

END

其中，event 为事件的名称；（$x_1, x_2, \cdots, x_k$）为事件的参数；　conditions 是一些布尔表达式，只有全部满足时，才执行响应；response 是一系列的管理操作，这些管理操作将改变原有的用户权限配置。下面以动态职责分离约束的实施为例说明义务机制的作用。

例 8　以用于齿轮系建模任务的权限 $perm_1$ 和用于齿轮系静力学分析的权限 $perm_3$ 为例，规定两个权限是适用动态职责分离约束的冲突权限 $dsod_1\{perm_1, perm_3\}$，在权限配置阶段把两个权限已经授予用户 $user_1$，即

$$\text{have}（user_1,\ perm_1[<t=\text{"齿轮系建模"},\ s=\text{"执行"}>]）= \text{True}$$

$$\text{且 have}（user_1,\ perm_3[<t=\text{"齿轮系静力学分析"},\ s=\text{"执行"}>]）= \text{True}$$

下面以 user_perms($user$)表示用户 $user$ 拥有的权限集，即

$$\text{user\_perms}(user{:}USERS) \rightarrow 2^{PERMS}$$

以函数

$$\text{Void revoke}(user,\ perm)$$

表示收回用户 $user$ 拥有的权限 $perm$，该函数返回空值。设定下面的义务控制用户对冲突权限的使用，即

WHEN event($access, perm$)

IF($perm \in dsod_1\{perm_1, perm_3\} \wedge$

((user_perms($access.proc.user$)-$\{perm\}$) $\cap dsod_1\{perm_1, perm_3\} \neq \Phi$))

THEN

revoke($access.proc.user$,（user_perms($access.proc.user$)-$\{p\}$) $\cap dsod_1\{perm_1,\ perm_3\}$),

END

根据上述义务，当用户使用权限 $perm_1$ 后，权限 $perm_3$ 将被回收，反之亦然。

3.6
模型的可实施性

A-TBAC 模型的定义已经说明了该模型能够表达工作流系统中的访问控制策略，并且能够融入约束机制以保证系统的安全性。在实施 A-TBAC 模型时，要解决的两个重要问题是：①权限的配置机制；②权限的使用机制。

3.6.1 权限的配置机制

3.6.1.1 确定任务相关权限

工作流访问控制的权限配置工作首先需确定任一任务的相关权限。工作流包含的任务以及任务的状态都是有限的，并且是在工作流定义阶段已经确定的，因此，可以针对任务步进行权限的设置，并最终形成如表 3-1 所示的任务权限列表。

表 3-1 任务权限列表

$task_1$	...	$task_j$					...		任务步
		$state_1$	...	$state_k$	...				
				$perm_1$ $perm_2$ ... $perm_n$					权限

需要指出的是，任务相关权限的确定是比较繁重的工作流，为了降低该工作的繁重程度，可根据工作流的相似性以参考的方式初始化任务的相关权限，并根据需求进行修改。任务权限的参考可分为三个层次：工作流实例级的参考；任务级的参考；任务步级的参考。

工作流实例级的参考应用在同一工作流模板对应的不同工作流实例之间。若工作流实例 A 和工作流实例 B 对应相同的工作流模板，且工作流实例 A 的任务权限已经全部确定，现需确定工作流实例 B 的任务相关权限，则可根据任务步的对应关系，将工作流实例 A 的任务权限复制到工作流实例 B 中，如图 3-5 所示。图中工作流实例 A 的任务 $task_j$ 处于状态 $state_k$ 时的权限全部复制到工作流实例 B 的任务 $task_j$ 处于状态 $state_k$ 应包含的权限集中。根据这种对应关系，要将所有的任务相关权限都由工作流实例 A 复制到工作流实例 B 中，该复制需执行 $N_{task} \times N_{state}$ 次，其中，N_{task} 表示工作流实例中包含的任务数量，N_{state} 表示任务的状态数量。

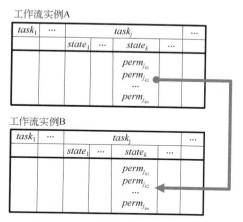

图 3-5　工作流实例级的任务权限参考

任务级的参考可用于不同任务之间的权限参考。在同一工作流系统中，任务的状态是预先定义的，所有的任务都包含相同的状态集。若任务 A 的相关权限已经确定，其他任务可直接参考任务 A 的相关权限，一般情况下，只有工作性质与任务 A 相似时，才会参考其权限。若任务 B 要参考任务 A 的相关权限，则任务 A 所包含的任务步对应的权限要依次复制到任务 B 所包含的任务步中，如图 3-6 所示。任务级的任务参考要执行 N_{state} 次复制。

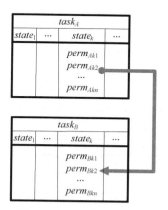

图 3-6　任务级的任务参考

任务步级的权限参考用于不同任务步之间，是任务权限参考的最小单位，对任务步相关的权限只执行一次复制。

3.6.1.2 用户权限配置

任务相关权限确定之后，需要将任务权限授予任务执行人，这一过程称为用户权限配置。用户权限配置工作需分为两个步骤：①确定可信用户集；②从可信用户集中选择任务执行人。

（1）确定可信用户集

在机械产品设计工作流中，不同的设计活动对用户资质的要求是不同的。例如产品概念设计往往要求设计者拥有丰富的设计经验，非关键零部件的详细设计可以由年轻的工程师执行。在制造业企业中，对用户资质的确定往往通过用户的不同属性进行标定，一般包括技术职称、岗位职称、密级、工作年限等。在确定某一任务的执行人之前，首先需要通过对用户属性的设定，从全部用户中过滤出所有合格的用户，这些用户称为"可信用户集"，然后在可信用户集中选择任务的执行人。

为了清晰方便地描述用户过滤条件，可借鉴任务配置策略语言（TAPL），该语言能够方便地改写 SQL 语句，以便在关系数据库中查询出所有符合要求的用户。该语言把角色作为用户选择的主要条件，但是由于在机械产品设计过程中，对用户资质的标定是多样的，因此，本书对 TAPL 语言做了部分修正，称为修正的任务配置语言（RTAPL），以适应产品协同设计工作流的要求。RTAPL 语言的语法如表 3-2 所示。

表 3-2　RTAPL 语言的语法

\<statement\>	::= \<require\>|\<reject\>
\<require\>	::= require\<resource\>\<where\>\<when\>\<for\>\<with\>
\<reject\>	::= reject\<resource\>\<where\>\<when\>\<for\>\<with\>
\<for\>	::= for\<activity\>|\<activity_type\>
\<activity\>	::= activity\<activity_id\>
\<activity_type\>	::= activity_type\< activity_type _id\>
\<resource\>	::= *|\<organization\>|\<person\>
\<organization\>	::= organization\<organization_id\>
\<when\>	::= \<empty\>|when\<functions\>
\<where\>	::= \<empty\>|where\<ranges\>|where\<functions\>|where\<ranges\>AND\<functions\>
\<with\>	::= \<empty\>|with\<ranges\>
\<ranges\>	::= \<range\>|\<range\>AND\<ranges\>
\<range\>	::= \<attribute\>\<op\>\<value\>
\<op\>	::= \>|\<|=|\>=|\<=
\<functions\>	::= \<function\>

下面以两个任务权限配置策略为例说明 RTAPL 语言各谓词的含义：

a．require "结构设计部" where rank= "高级工程师" AND title= "主任设计师" for activity_type= "概念设计" with security_level = "秘密"；

b．reject * when IsFull（"＊"）for *。

策略 a 的含义是对于"概念设计"任务并且任务密级为"秘密"级时，执行者必须是"结构设计部"的工作人员，并且技术职称必须达到"高级工程师"，同时岗位职称要达到"主任设计师"。其中，require 从句要求任务分配首先要确定对应的部门（用户集），符合制造业任务分配的习惯；where 从句限制了执行人的范围；for 从句指定了任务的类别；with 从句进一步说明了任务具备的属性。

策略 b 的含义是任何工作量已经饱和的人员都不能被增加任何任务。其中，reject 从句表示拒绝的人员范围；when 从句说明拒绝的条件；IsFull()是一个 function，表示运行时才能进行判断的条件；for 从句指定了任务的类别。

RTAPL 语言可以方便地用于查询结构化存储的信息，主要包括两种：关系数据库和 XML 文件。对于关系数据库存储的用户信息，RTAPL 语言可以首先转化为 SQL 语言，如图 3-7 所示。图中说明了 require、resource、where 和 when 从句与 SQL 语言之间的转换方式，RTAPL 语言中的 for 和 with 从句不需要转换到 SQL 语句中，因为转换的目标是为相关的任务选择满足条件的用户。

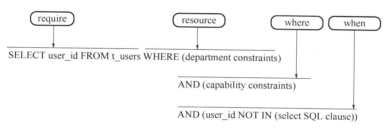

图 3-7　RTAPL 语句转换为 SQL 语句

对于 XML 文件存储的信息，需要用户编写程序完成对文件中信息的查询，如图 3-8 所示。

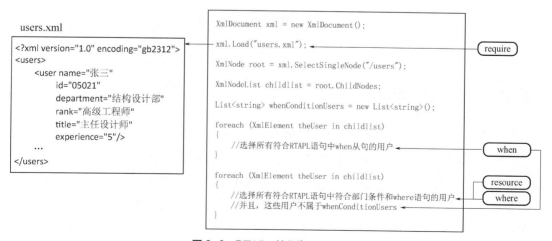

图 3-8　RTAPL 转化为 XML 查询

RTAPL 中的 require 从句要求的内容应转化为需载入的 XML 文件，图 3-8 中为 users.xml 文件，在实际工程中，应采用变量表示文件的路径，这里仅说明 RTAPL 语言的可实施性。由于需要对用户增加多种过滤条件，考虑到"List"的数据结构的特点，应首先将应拒绝的用户挑选出来，即 RTAPL 语句中 when 从句表示的条件，然后把 resource 和 where 从句所表示的条件作为地位等同的条件处理，选择出符合条件的用户。若用户不在 when 从句所过滤的用户集（图 3-8 中的 whenConditionUsers）中，则为符合条件的用户。

（2）确定任务执行人

任务的可信用户集确定之后，根据"责任到人"的管理原则，安全管理员要从每一个任务对应的可信用户集中选择一个任务执行人。在确定可信用户集时，需要依据各种安全策略，但是任务执行人的确定则完全体现安全管理员的个人意志，这体现了访问控制管理的强制性和灵活性。安全管理员可以根据可信用户集中用户的个人特点最终确定能够更好地完成工作的设计师。

确定好任务执行人后，系统会自动将相应权限授予任务执行人，授权工作后形成如图 3-9 所示的访问控制矩阵。

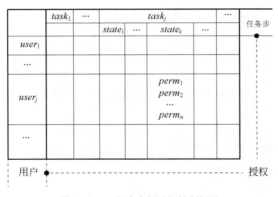

图 3-9 工作流实例访问控制矩阵

3.6.2 权限的使用机制

基于 A-TBAC 模型的工作流访问控制的实施机制如图 3-10 所示。该实施机制首先将工作流管理系统与访问控制系统解耦。图 3-10 中左上部分表示权限配置工作，本书上文已经对这一问题进行了详细的说明，下面阐述系统运行阶段权限的使用机制。

在运行阶段，系统的工作包含以下步骤：①创建任务相关的进程，进程包含当前任务步和用户的信息；②在进程中产生的访问请求首先经过请求处理模块，该模块按照访问控制系统规定的格式，将访问请求格式化；③访问决策模块接收访问请求；④访问决策模块与策略管理模块交互，检查访问是否合法；⑤访问决策模块将访问请求以及决策结果发送到工作流管理系统的业务逻辑模块；⑥访问决策模块将访问请求、决策结果及相应的权限信息发送到义务模块；⑦义务模块根据预先定义的义务和当前的权限使用信息，对现有的权限配置进行修改。

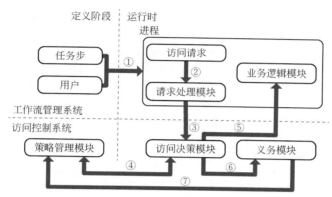

图 3-10　基于 A-TBAC 模型的工作流访问控制的实施机制

为了更好地控制产品研发工作流中的权限配置与使用，本章提出了一个基于属性和任务的访问控制模型。该模型把"进程"作为权限使用的直接主体，把任务步视为进程和权限的属性，使进程和权限的任务步匹配关系成为权限使用的先决条件，可以保证工作流系统中任务流与权限流的一致性，并且保证了权限只能在相应的任务执行过程中使用。权限属性的设置可对权限的使用进行更加详细的控制。建立工作流访问控制的实施机制，该机制中增加了"义务模块"，以支持动态的权限管理策略。在工作流访问控制的实施机制中，提出了修正的任务配置语言（RTAPL），在用户权限配置过程中，可利用多种用户属性过滤可信用户。

参考文献

[1] Workflow M C. The workflow reference model[WfMC1003][J]. WFMC TC00-1003,1994.

[2] Thomas R K, Sandhu R S. Task-based authorization controls(TBAC): a family of models for active and enterprise-oriented authorization management[M]// Database security XI. Boston: Springer, 1998:166-181.

[3] 邓集波，洪帆. 基于任务的访问控制模型[J]. 软件学报，2003(01):76-82.

[4] 邹灵浩. 基于工作流的某型号产品协同设计方法研究[D]. 大连：大连理工大学，2010.

[5] Workflow Management Coalition. Workflow Security Consideration White Paper [R], WfMC-TC-1019, 1998.

[6] Thomas R K, Sandhu R S. Towards a task-based paradigm for flexible and adaptable access control in distributed applications[C]// Proceedings on the 1992-1993 Workshop on New Security Paradigms. 1993:138-142.

[7] Thomas R K, Sandhu R S. Conceptual foundations for a model of task-based authorizations[C]// Proceedings The Computer Security Foundations Workshop Ⅶ. 1994:66-79.

[8]   Thomas R K, Sandhu R S. Task-based authorization controls(TBAC): a family of models for active and enterprise-oriented authorization management[M] Database SecurityXI. Boston MA: Springer, 1998:166-181.

[9]   尹建伟，徐争前，冯志林，等. 增强权限约束支持的基于任务访问控制模型[J]. 计算机辅助设计与图形学学报，2006(0l):143-149.

[10]   廖旭，张力. 产品生命周期管理系统中工作流的访问控制模型[J]. 计算机集成制造系统，2005(10): 1367-1371.

[11]   Coulouris G, Dollimore J, Roberts M. Role and task-based access control in the PerDis groupware platform [C]// Proceedings on the third ACM Workshop on Role-Based Access Control, 1998:115-121.

[12]   Oh S, Park S. Task-role based access control (T-RBAC): an improved access control mondel for enterprise environment [C]// International Conference on Database and Expert Systems Applications. Berlin: Springer, 2000:264-273.

[13]   Oh S, Park S. An integration model of role-based access control and activity-based access control using task [M]// Data and Application Security. Boston MA: 2002:355-360.

[14]   Oh S, Park S. Task-role-based access control model [J]. Information Systems，2003，28(6):533-562.

[15]   陈伟鹤，殷新春，茅兵，等. 基于任务和角色的双重 Web 访问控制模型[J]. 计算机研究与发展， 2004(09):1466-1473.

[16]   翟治年，奚建清，卢亚辉，等. 任务状态敏感的访问控制模型及其有色网仿真[J]. 西安交通大学学报，2012，46(12):85-91.

[17]   Bhuyan F A, Lu S, Reynolds R, et al. A security framework for scientific workflow provenance access control policies [J]. IEEE Transactions on Services Computing, 2019.

[18]   Ghazal R, Qadeer N, Malik A K, et al. Intelligent agent-based RBAC model to support cyber security alliance among multiple organizations in global IT systems [C]// 17th International Conference on Information Technology-New Generations(ITNG 2020). Cham:Springer, 2020: 87-93.

[19]   熊天虹，余阳，娄定俊. 工作流系统中的 PRBAC 访问控制模型研究[J]. 应用科学学报，2020, 38(05):672-681.

第4章

访问控制系统可控的权限委托机制

4.1
简述

  如何将网络资源的访问权限委派给无权限用户（但是需要访问该资源）是访问控制策略中的一个现实问题。比如，当用户获得了某种权限后，由于出差、请假或者任务过于繁重无法完成时，需要将权限委托给其他用户，以便工作的顺利展开；企业子公司员工可能需要通过外部网络访问总公司的信息资源；企业合作伙伴需要访问公司相关资源。因此，权限委托是企业中常见的一种安全策略形式，其含义是，系统中的用户能够把他的权限委托给尚未获得这些权限的其他用户，以便后者能够代表前者完成一些工作。由于权限委托会改变访问控制系统既有的权限配置，使得访问控制系统的安全性受到影响，所以，权限委托机制是访问控制研究领域的一个重要研究方向。

  目前关于权限委托的研究大多是以基于角色的访问控制模型为基础的，例如，基于角色的委托模型（RBDM）[1,2]，以及关于该模型的后续研究[3,4]，都把角色作为权限委托考虑的核心元素，针对的问题是角色所包含的全部或者部分权限的委托，为了提高权限委托的可控性，把角色划分为多种类别，翟征德引入量化角色的概念[5]。在基于角色的访问控制框架下的权限委托问题，权限委托主要由委托人或者安全管理员决定其有效性，确定用户委托或接受委托的条件仅为用户当前所拥有的角色，约束形式单一。随着区块链技术的发展，使用区块链作为访问控制管理器的 FairAccess 框架引入了一种不同于比特币交易的新的交易类型，用于授予、获取、委派和撤销访问权限[6]。区块链技术固有的去中心化、防篡改、可审计等特征可以成为基于角色委派访问控制管理的基础架构，郭显等[7]提出了基于区块链技术的角色委派访问控制方案(Delegatable Role-Based Access Control, DRBAC)。DRBAC 包括用户角色管理及委派、访问控制、监控机制等几个重要组件，并基于智能合约实现该方案，DRBAC 的目的是保证每个网络连接必须受到细粒度访问控制策略的保护。由于这种权限委托机制建立在区块链基础之上，目前，在智能制造系统中推广尚存在一定的困难，因此，本章暂不讨论这一类型的访问控制技术。

工作流系统的权限委托研究是随着工作流应用而逐步发展的。2002 年，Venter 等[8]提出的委托授权模型中建立了委托授权模板（Delegation Authorization Template，DAT）概念，解决了针对任务的单步授权问题，但是每个 DAT 要设定固定的委托方、受托方和委托权限，这种方式不够灵活。Atluri 等[9,10]提出了基于角色的工作流委托授权架构，主要解决工作流系统中权限委托的约束和条件。廖旭等[11]借鉴 RDM2000[12]的思想，提出了一种任务委托模式，以被委托任务、受托人和委托步数作为制订委托判别规则的基础。Wainer 等[13]以面向工作流访问控制的 W-RBAC 模型为基础，提出了面向任务的权限委托模型 DW-RBAC，该模型支持用户-用户的权限委托与撤销。魏永合等[14]研究了可以独立于工作流授权模型实现用户间委托与撤销的机制，形式化定义了委托过程涉及的委托条件、委托关系、委托链和委托约束，并讨论了工作流中权限委托与撤销的形式。上述研究成果为了在访问控制系统中增加对权限委托的支持，在系统中增加了不同的元素，分别解决权限委托中不同方面的问题，缺乏系统性。

为了提高权限委托的安全性，多位研究者从不同的角度出发提出了不同的权限委托的约束和条件，本书把这些约束和条件分为两类：全局条件和局部条件。其中全局条件表达了管理层的强制规则，在任何权限委托中都必须遵循；局部条件表达了权限委托中委托方的个人意愿，不同的权限委托可设置不同的局部条件。

在权限委托生命周期的讨论中，一般把权限委托的过程分为委托与撤销两个步骤，本节把权限委托分为委托声明、委托接受和委托撤销三个步骤。其中，"委托声明"反映了委托方的意愿，"委托接受"反映了受托方的意愿，同时兼顾委托双方的意愿，能够保证工作的顺利进行。从权限委托的可控性出发建立权限委托的实施机制，引入"控制权限"的概念，限制权限委托的授予方式，并通过"局部约束"控制受托人的范围，在保证权限委托灵活性的同时，把权限扩散控制在一定的范围内。

4.2
权限委托的相关概念

在权限委托中，委托的发起方称为"委托人（delegator）"，委托人需要把其拥有的权限授予其他用户；接受权限的用户称为"受托人（delegatee）"；权限委托中所需要传递或移交的权限称为"委托权限（delegation permissions）"。

例 1　齿轮系的 CAD 建模任务由用户 A 负责。由于特殊的原因，用户 A 无法完成该任务，希望把任务委托给用户 B 来完成，则用户 A 需要将执行该任务的权限授予用户 B，那么，在该权限委托中，用户 A 是"委托人"，用户 B 是"受托人"，任务的相关权限是"委托权限"。

权限委托的过程分为三个步骤：委托声明；委托接受；委托撤销。委托方首先向系统提交申请，希望把权限委托给受托方，系统审查委托方和受托方的资格，若用户的资格符合权限委托的条件，则系统允许该权限委托，否则，不允许该权限委托，这一步骤称为"委托声明"；系统向受托方发送权限委托消息，受托方根据自身的情况，决定是否接受该委托，若接受，则系统将委托权限授予受托方，同时受托方有完成该任务的义务，这一步骤称为"委托接受"；当受托方完成任务后，就没有必要保留委托权限，系统收回受托方的委托权限，这一步骤称为"委托撤销"。

例 2　接例 1，用户 B 接受委托之后，可根据需要，将委托权限进一步委托给用户 C，相似地，用户 C 还可以进行次级委托，这种连续的委托过程就形成了一个"委托链"。委托链会造成权限的扩散，若用户 A 在将权限委托给用户 B 时，不希望用户 B 委托给他人，则需要对委托权限进行控制。

委托环的一种特殊情形是"委托链"，例 2 中，若用户 C 又将权限委托给用户 A，则形成了如图 4-1 所示的委托环。出现这种情况时，无法确定任务的最初执行人，使得管理出现混乱，因此，在权限委托中，应避免出现"委托环"。

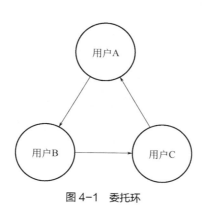

图 4-1　委托环

受托方接受委托方的委托权限后，并不意味着受托方必然能够使用这些权限，这一问题主要发生在系统存在职责分离约束时，若受托方获得的委托权限与其原有权限违反职责分离约束，则受托方不能使用委托权限，这种情况称为权限委托的"阻塞"，权限委托机制要避免发生阻塞。

权限委托是对访问控制系统的补充，增加了授权管理的灵活性，有助于业务的开展。

但是，由于权限委托由普通用户发起，使得权限的扩散难以控制。因此，要充分考虑权限委托时的约束和条件，最大程度地保护系统的安全性。

有文献对权限委托具有的特征进行了总结，如表4-1所示。

表4-1　权限委托的性质

序号	性质	含义
1	时限性	根据被代理权限的可使用时间，权限代理可分为永久代理和暂时代理。永久代理表示受托方可无限制地使用被代理权限；暂时代理表示受托方只能在有限的时间内使用代理权限
2	完全性	根据是否把委托方的全部权限授予受托方，权限代理可分为完全代理和部分代理。完全代理表示委托方把自己拥有的全部权限授予受托方；部分代理表示委托方只把自己拥有的部分权限授予受托方
3	单调性	根据委托用户在实施代理后是否拥有代理权限，权限代理可分为单调委托和非单调委托。单调委托表示委托用户不再拥有代理权限；非单调委托表示委托用户仍然拥有代理权限
4	执行性	根据代理的实际执行者的不同，可将权限代理分为自主执行和代理执行。自主执行表示委托方本人决定代理的有效性；代理执行表示委托方仅提出权限代理请求，委托有效性由第三方决定，例如安全管理员
5	传递性	根据代理权限是否能够继续由受托方授予给其他用户，权限代理可分为单步代理和多步代理。单步代理表示受托方不能把代理权限授予其他用户；多步代理表示委托方可继续把代理权限授予其他用户，多步代理会形成一个权限代理链
6	多重性	根据委托方是否能在同一时刻将代理权限授予多个受托方，可把权限委托分为多重委托和单重委托。如果能，则称为多重委托，否则称为单重委托
7	协议性	根据委托方和受托方之间是否存在协议关系，可把权限代理分为确认协议代理和非确认协议代理。若一次权限代理的委托方和受托方需要通过双方都认可的协议才能生效，则称为确认协议代理，否则，称为非确认协议代理
8	撤销性	在一定的条件下，委托可被撤销，如果撤销发生在用户执行任务期间，在撤销委托的同时，还要对用户已执行的操作进行处理，这种撤销称为事务性撤销，其他撤销称为非事务性撤销

智能制造系统的权限委托只是在特殊情况下实施，作为授权系统的补充，一般要求委托方回归正常状态，或者权限的使用期限到达以后收回委托权限，因此，仅考虑暂时委托。权限委托一般在用户的某个或者某些工作无法完成时进行，不需将用户的全部权限授予受托方，因此，仅考虑部分委托。另外，理论上永久委托和完全委托只是暂时委托和部分委托的特例，本章仅考虑暂时委托和部分委托。

4.3
权限委托

4.3.1　控制权限

在实施权限委托时，委托人不但要拥有委托权限（*perm*），还必须拥有能够对 *perm* 进行委托的权限，称为"控制权限（*cperm*）"，通过设置控制权限可有效地对权限委托进行管理，防止权限的随意扩散。

定义 4-1　控制权限：与权限 *perm* 相关联的，对权限 *perm* 委托进行控制的权限。

控制权限 *cperm* 是一个三元组：*cperm*(*perm*，*n*，*type*)。三元组中各项的含义如下：

① *perm* 是 *cperm* 所关联的委托权限，用户同时拥有 *perm* 及其对应的 *cperm*，才能对 *perm* 实施委托；

② *n* 为一个整数，且 *n*≥0，表示权限可委托的次数，*n* 反映了权限委托的传递性；

③ *type*∈{*gra*，*tra*}，表示权限委托的类别，*gra* 表示非单调委托，委托方实施委托之后，仍然拥有委托权限，该委托表示委托方将委托权限授予（grant）受托方；*tra* 表示单调委托，委托方实施委托之后，不再拥有委托权限，该委托表示委托方将委托权限传递给（transfer）受托方。*type* 反映了权限委托的单调性。

定义 4-2　强关系：表示控制权限优先级的对比关系。

以符号≥表示强关系，那么，任给两个控制权限

$$cperm_1(perm_1, n_1, type_1) \geq cperm_2(perm_2, n_2, type_2)$$

则满足

$$\begin{cases} perm_1 = perm_2 \\ n_1 \geq n_2 \\ type_1 \geq type_2 \end{cases}$$

其中，委托类型 *type* 的比较关系仅为下面三种情况之一：

$$\begin{cases} gra \geq gra \\ gra \geq tra \\ tra \geq tra \end{cases}$$

因此，可把 *gra* 定义为整数 1，*tra* 定义为整数 0，使权限委托的比较直接通过数字的比较关系得到满足。下文中直接把权限委托类型的定义域定义为{1，0}，即

$$type \in \{1, 0\}$$

定义 4-3　委托消耗：对于一次权限委托，委托方所使用的控制权限 *cperm* 消耗为 *cperm'*，受托方获得的控制权限 *cperm''*，满足关系

$$cperm > cperm' \geq cperm''$$

委托消耗保证了权限委托的收敛性，权限委托不会造成权限的无限制扩散。以函数 *decrement*(*cp*)表示委托消耗，那么，权限委托的最小消耗为：

$$decrement(cperm(perm, n, t)) = cperm(perm, n\text{-}1, type)$$

由于控制权限必须满足 *n*≥0，因此，当 *n*=0，用户不能再使用该控制权限，那么，

权限 $perm$ 不能再继续委托。控制权限 $cperm(perm, n, type)$ 表示权限 $perm$ 最多只能被委托 n 次。

以 $USERS$ 表示用户集，$PERMS$ 表示所有普通权限和控制权限的集合，函数 $auth\_perms(user)$ 表示用户 $user$ 拥有的全部权限，即

$$auth\_perms(user) \subset PERMS$$

其中，$user \in USERS$。

设用户 A 拥有权限 $perm$ 及控制权限 $cperm(perm,2,1)$，即

$$perm \in auth\_perms(A)$$

$$cperm(perm,2,1) \in auth\_perms(A)$$

用户 A 可将权限 $perm$ 委托给其他用户，例如用户 B，则控制权限 $cperm(perm,2,1)$ 消耗为 $cperm'(perm,1,1)$。用户 A 使用 $cperm(perm, 2, 1)$ 进行一次委托之后，由于委托消耗，用户 A 不再拥有控制权限 $cperm(perm,2,1)$，即

$$cperm(perm,2,1) \notin auth\_perms(A)$$

根据委托方 A 所进行的委托要求，委托方 A 和受托方 B 在经过一次委托之后的权限配置如表 4-2 所示。

表 4-2　用户使用 $cperm(perm,2,1)$ 进行的可能委托

序号	委托方 A 的权限	受托方 B 的权限	解释
1	$perm \in auth\_perms(A)$； $cperm'(perm,1,1) \in auth\_perms(A)$	$perm \in auth\_perms(B)$； $cperm''(perm,1,1) \in auth\_perms(B)$	A 将权限 $perm$ 授予 B，允许 B 继续委托
2	$perm \in auth\_perms(A)$； $cperm'(perm,1,1) \in auth\_perms(A)$	$perm \in auth\_perms(B)$； $cperm''(perm,0,1) \in auth\_perms(B)$	A 将权限 $perm$ 授予 B，不允许 B 继续委托
3	$perm \in auth\_perms(A)$； $cperm'(perm,1,1) \in auth\_perms(A)$	$p \in auth\_perms(B)$； $cperm''(perm,1,0) \in auth\_perms(B)$	A 将权限 $perm$ 传递给 B，允许 B 继续传递
4	$perm \in auth\_perms(A)$； $cperm'(perm,1,1) \in auth\_perms(A)$	$perm \in auth\_perms(B)$； $cperm''(perm,0,0) \in auth\_perms(B)$	A 将权限 $perm$ 传递给 B，不允许 B 继续传递

表 4-2 中，情形 1 是最为宽松的委托，权限 $perm$ 的最大可能扩散如图 4-2(a)所示，A 将权限 $perm$ 授予 B，并允许 B 继续委托，此时，用户 A 和用户 B 都拥有了对权限 $perm$ 进行委托的能力，若 A 和 B 分别把权限授予 D 和 C，则经过权限委托，有四个用户同时拥有权限 $perm$。表 4-2 中，情形 4 是最为严格的委托，用户 A 将权限传递给用户 B，不允许用户继续委托，只能进行一次委托，系统中只能有一个用户能够拥有权限 $perm$。图 4-2(b)(c) 分别对应表 4-2 中情形 2、情形 3 可能产生的权限扩散。

需要指出的是，还可能出现用户 A 和用户 B 同时将权限 $perm$ 授予用户 C 的情形，如图 4-3 所示。这种情形中，用户 C 的权限是重复的，这种授权违背了权限委托的目标，即

让不具有某种权限的用户获得相应权限，并代表委托方完成工作，因此，这种重复委托应该被禁止。

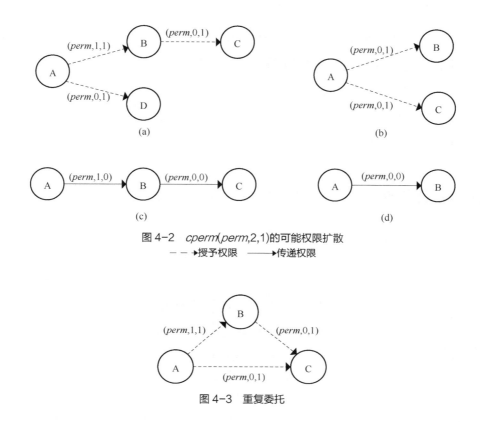

图 4-2　$cperm(perm,2,1)$ 的可能权限扩散
－－▶授予权限　　━━▶传递权限

图 4-3　重复委托

定义 4-4　委托链：表示权限委托次序的双向链表，链的节点为 $[u_{or}, cperm, u_{ee}]$，表示委托方 u_{or} 把控制权限 $cperm$ 委托给受托方 u_{ee}，委托方可以为空。

委托链中的每个节点表示一次权限委托，若委托方为空，则表示该节点是委托链的起点，将委托方记为"∇"。委托链保存了针对某权限 p 进行委托的全部信息，如图 4-4 所示。

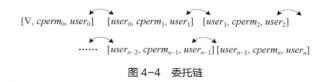

图 4-4　委托链

由于委托链总是关于某委托权限 $perm$ 的，因此把委托链记为

$$chain(perm) = ([\nabla, cperm_0, user_0], [user_0, cperm_1, user_1], [user_1, cperm_2, user_2], \cdots,$$
$$[user_{n-2}, cperm_{n-1}, user_{n-1}], [user_{n-1}, cperm_n, user_n])$$

委托链中涉及的所有用户是一个集合，记为

$$users(chain(perm)) = \{ user_1, user_2, \cdots, user_{n-2}, user_{n-1}, user_n \} \tag{4-1}$$

为了明确委托链中用户执行权限委托的次序，定义以下位置函数：

$$position(chain(perm), user) = N$$

其中，N 为自然数，并且委托链起始节点 $[\nabla, cperm_0, user_0]$ 中的用户的位置为 1，后序用户的位置依次增加。

4.3.2 委托声明

在进行权限委托时，一方面，系统要求委托必须满足一定的约束，例如职责分离约束，受托方接受委托权限后，不能同时拥有两个存在静态职责分离约束的权限。另一方面，委托方要求受托方必须满足一定的条件，例如，所委托的用户必须达到一定的密级，或者具备一定的职称等。在存在大量用户的产品协同开发环境中，委托方本身难以确定符合要求的受托方，必须由系统辅助完成。因此，存在权限委托需求时，委托方首先应向系统声明委托的具体要求，并由系统返回符合要求的用户集，委托方从该用户集中选择受托方。

定义 4-5　委托声明：委托方向系统提交的形如 $assert(u_{or}, C_{ee}, perm+cperm)$ 的委托请求，该请求中包含委托方的身份信息（u_{or}）、委托条件（C_{ee}）和需要委托的权限（$perm+cperm$）。

权限代理需要对受托方的资格进行验证，只有合格的用户才能接受权限，用户资格的判定依赖于多种委托条件，其中，系统要求的所有权限代理都必须满足的条件成为全局条件，特定权限代理要求受托方必须满足的条件称为局部条件。全局条件是隐性约束，不须包含在委托声明的 C_{ee} 中；局部条件是委托方须明确提出的条件，委托声明的 C_{ee} 可认为是局部条件。针对特定的权限代理，系统根据全局条件和局部条件确定所有符合要求的用户，并把所有合法用户表示为：

$$eligible\_users(perm) \tag{4-2}$$

其中，$perm$ 为委托权限。

（1）全局条件

① 基本条件

权限委托的目标是让委托人将自己拥有的权限授予尚未获得委托权限的用户，因此，委托人拥有委托权限、受托人尚未拥有委托权限是权限委托的基本条件，即

$$(perm \in auth\_perms(u_{or})) \wedge (cperm \in auth\_perms(u_{or})) \tag{4-3}$$

$$perm \notin auth\_perms(u_{ee}) \tag{4-4}$$

② 循环条件

在权限委托中，应避免出现"委托环"，要求处于在一个委托链中，一个用户不能出现两次，即

$$\forall user \in users(chain(perm))，则\ user \notin eligible\_users(perm) \tag{4-5}$$

③ 阻塞条件

职责分离约束是访问控制中的重要约束，要求存在利益冲突的两种权限不能同时授予同一用户。执行权限委托时，不能违反职责分离约束，即阻塞条件。与权限 $perm$ 存在冲突关系的权限可能包括多个，记为：

$$conflict\text{-}perms(perm)$$

若委托权限为 $perm$，则阻塞条件为：

$$\forall user \in \{user|\ authorized\_permissions\ (user) \cap conflict\text{-}perms(perm) \neq \Phi\}$$

则，

$$user \notin eligible\_users(perm) \tag{4-6}$$

（2）局部条件

局部条件是委托人针对特定的权限委托所提出的，要求受托人必须满足的条件。局部条件的形式是以用户属性为基础的表达式，例如，职称＝"工程师"、密级>"秘密"等，简称属性表达式。

定义 4-6 属性表达式：是以系统预先设定的用户属性及其定义域为基础的布尔表达式，具体描述为：

DAE ::= uae (AND uae) (OR uae)

uae ::= ua $ropt$ uav

ropt ::= '＜' | '≤' | '＝' | '≥' | '＞' | '≠'

ua ::= {系统预定义的用户属性}

uav ::= {系统预定义的用户属性取值}

uav ∈ D(ua)。

例如，访问控制系统中预定义的用户属性及其定义域为：

D（职务）＝{职员，室主任，部长，所长}；

D（职称）＝{助理工程师，工程师，高级工程师，研究员}；

D（密级）＝{一般，秘密，机密，绝密}。

并存在偏序关系为：

所长＞部长＞室主任＞职员；

研究员＞高级工程师＞工程师＞助理工程师；

绝密＞机密＞秘密＞一般。

若委托人要求（（职务='室主任'）OR（职称='高级工程师'））AND（密级≥'秘密'），则，受托人必须满足职务为室主任或者职称为高级工程师，并且密级要至少达到秘密级。

4.3.3 权限委托流程

权限委托的流程如图 4-5 所示。

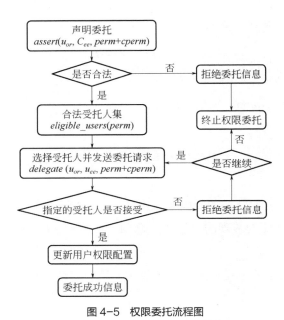

图 4-5　权限委托流程图

一次权限委托首先要由委托人向系统提出委托声明：

$$assert(u_{or}, C_{ee}, perm+cperm)$$

由系统根据基本条件式（4-3）判别委托是否是合法的。若委托人提出的委托声明不合法，系统向委托人发送拒绝委托信息，并终止权限委托；若委托人提出的委托声明是合法的，则系统根据基本条件式（4-4）、循环条件式（4-5）、阻塞条件式（4-6）和局部条件对系统中的用户进行筛选，并向委托人返回所有合法的受托人：

$$eligible\_users(perm)$$

委托人在合法受托人集中选择一个受托人，并向受托人发送权限委托请求：

$$delegate(u_{or}, u_{ee}, perm+cperm)$$

若受托人不接受委托，则向委托人发送拒绝接受委托的信息；若受托人接受委托，则向系统发送接受委托的信息，系统更新用户权限配置，并向委托人发送相应处理信息。

下面以机械产品协同设计过程中的权限委托为例，说明权限委托的流程。

例 3　齿轮系设计任务被分配给用户 A 执行，由于需处理其他紧急事务，该任务无法按时完成，为了不影响其他工作的开展，用户 A 需要将执行该任务的权限 $perm_t$ 委托给其他设计师。用户 A 首先向安全管理员发送权限委托请求：

$assert$(用户 A，<职称=高级工程师，职务=主任设计师>，$perm_t+cperm_t$)

安全管理员需要执行以下步骤：

① 确认用户 A 进行权限委托的必要性，若必要则转入步骤 2；

② 获得权限委托的委托链，并得到该委托链中包括用户 A 的前置用户的集合 U_d；

③ 查询所有满足"职称=高级工程师，职务=主任设计师"的用户集合 U_e；

④ 从 U_e 中去除所有集合 U_d 中的成员，即 $U_e=U_e-U_d$；

⑤ 查询 U_e 中所有已拥有权限 $perm_t$ 的成员集合 U_f，并从 U_e 中去除，即 $U_e=U_e-U_f$；

⑥ 查询 U_e 中所有拥有与权限 $perm_t$ 有相冲突权限的成员集合 U_g，并从 U_e 中去除，即 $U_e=U_e-U_g$；

⑦ 检查 U_e 中所有处于忙碌状态的用户集合 U_h，并从 U_e 中去除，即 $U_e=U_e-U_h$；

⑧ 将合法受托人集 U_e 返回给用户 A。

用户 A 接收到合法受托人集 U_e 后，从中选择一位受托人，并向受托人发送权限委托请求，若受托人不接受委托，那么，用户 A 重新选择受托人，直至一位受托人接受委托为止，并称该受托人为用户 B。

用户 B 接受委托时，会自动向系统发送消息，系统根据消息内容，更新用户权限配置，并分别向安全管理员、委托人 A、受托人 B 发送委托成功消息。

4.4
委托撤销

权限委托是一种增加访问控制灵活性的、临时性的授权机制，委托撤销是权限委托的重要组成部分，其目标是在一定的条件下收回受托人的委托权限。委托撤销机制需要从同时两个方面考虑：①由于存在委托链，需要考虑委托撤销的级联性，即收回受托人的委托权限时，是否同时收回委托链中该受托人后序用户的委托权限；②委托撤销的发起原因有多种，包括自动撤销、委托人撤销、受托人撤销和管理员撤销。

委托撤销的形式为：

$$revoke(u_{ee}, perm, cascade)$$

$$cascade:=\{true, false\}$$

表示要回收受托人 u_{ee} 的委托权限 $perm$，$cascade$=true 时，表示进行级联撤销，$cascade$=false 时，表示非级联撤销。

委托撤销的描述中仅包含委托权限 $perm$，并未包含与 $perm$ 相关的控制权限 $cperm$，但是，实际执行委托撤销时，若存在与委托权限 $perm$ 相关联的控制权限 $cperm$，则 $cperm$ 同样被收回。

委托撤销的发起原因有四种，分别为：

（1）自动撤销

自动撤销是在委托权限达到一定的时限或者与委托权限相关的任务完成后，系统自动撤销委托，该方式是一种自触发过程，系统按照撤销触发机制自动判定并撤销。

所有和这个任务相关的委托。例如，可以在委托声明的 C_{ee} 中增加委托权限的使用期限，即

$$validity(time_1, time_2),$$

表示委托权限在时间段 $time_1 \sim time_2$ 中有效，那么，系统会在 $time_2$ 时刻到达后立即收回委托权限。

（2）委托人撤销

在委托链中，前序用户可以撤销后序用户的委托权限，即一个用户如果把权限委托给了其他用户，该用户同时拥有授权委托权限的权力，即

$$\exists chain(perm), 且 \ user_i \in users(chain(perm)) \ , \quad user_j \in users(chain(perm)), \ 并且$$
$$position(chain(perm), user_i) < position(chain(perm), user_j)$$

则，用户 $user_i$ 发起的 $revoke$（$user_j, perm, cascade$）是有效的。

（3）系统管理员撤销

系统管理员在任何时候都有权撤销任何委托。系统管理员负责访问控制系统的安全性，而权限委托是由普通用户发起的授权活动，对访问控制系统的权限配置产生影响，当系统管理员认为权限委托对系统安全性产生较大的损害时，需要执行委托撤销。系统管理员撤销是保证权限委托安全性的最终保证。

（4）受托人撤销

受托人由于自身原因或工作量过大无法完成委托的任务，同时该用户虽然具有委托权限 $perm$，而无法再进行进一步委托，此时受托用户可以主动撤销委托，将权限返还给其委托用户。此类委托撤销判定如下：

$$\exists chain(perm), 且 \ user_i \in users(chain(perm)), \ 并且$$
$$cperm(perm, 0, \text{type}) \in authorized\_permissions\ (user_i)$$

则，用户 $user_i$ 发起的 $revoke(user_i, perm, cascade)$ 是有效的。

受托人撤销说明相关任务无法进行，因此，需要详细明确的反馈，受托人 $user_i$ 的委托

人和系统管理员都应收到该反馈，以便重新委托或者安排任务。

本章讨论了访问控制系统中可控的权限委托实现机制，通过引入控制权限，使权限委托只能以授予或者传递的方式执行有限的权限委托，从而限制了权限的扩散。在权限委托过程中增加一个步骤——委托申请，以保证权限委托的安全性。讨论了权限委托的条件，包括全局条件和局部条件。制订了权限委托的实施流程。总结了权限撤销的类型以及各类型权限撤销发生的条件。

参考文献

[1] Barka E, Sandhu R. Role-based delegation model/hierarchical roles (RBDM1)[C]// 20th Annual Computer Security Applications Conference. Washington: IEEE 2004:396-404.

[2] Zhang X, Oh S, Sandhu R. PBDM: a flexible delegation model in RBAC[C]// Proceedings of The Eighth ACM Symposium on Access Control Models and Technologies. 2003:149-157.

[3] Park J S, Lee Y L, Lee H H, et al. A role-based delegation model using role hierarchy supporting restricted permission inheritance[C]// Security and Management. 2003:294-302.

[4] Tamassia R, Yao D, Winsborough W H. Role-based cascaded delegation[C]// Proceedings of the Ninth ACM Symposium on Access Control Models and Technologies. 2004:146-155.

[5] 翟征德. 基于量化角色的可控委托模型[J]. 计算机学报，2006(08):1401-1407.

[6] Ouaddah A, Abou Elkalam A, Ait Ouahman A. FairAccess: a new Block chain-based access control framework for the Internet of Things[J]. Security and Communication Networks,2016,9(18):5943-5964.

[7] 郭显，王雨悦，冯涛，等. 基于区块链的工业控制系统角色委派访问控制机制[J]. 计算机科学，2021，48(09):306-316.

[8] Venter K, Olivier M S. The delegation authorization model: a model for the dynamic delegation of authorization rights in a secure workflow management system[C]// ISSA.2002:1-13.

[9] Atluri V, Bertino E, Ferrari E, et al. Supporting delegation in secure workflow management systems[M]// Data and Applications Security XVII. Boston, MA. : Springer, 2004:190-202.

[10] Atluri V, Warner J. Supporting conditional delegation in secure workflow management systems[C]// Proccedings of the 10th ACM Symposium on Access Control Models and Technolies. 2005:49-58.

[11] 廖旭，张力. 工作流管理系统中一种基于任务的委托模型[J]. 计算机工程与应用，2005(07)：44-46, 50.

[12] Zhong L H, Ahn G J, Chu B T. A rule-based framework for role-based delegation[C]// Proceedings of the 6th ACM Symposium on Access Control Models and Technolies. 2001:153-162.

[13] Wainer J, Kumar A, Barthelmess P. DW-RBAC: A formal security model of delegation and revocation in workflow systems[J]. Information Systems, 2007,32(3):365-384.

[14] 魏永合，王成恩，马明旭. 工作流系统中的委托授权机制研究[J]. 计算机集成制造系统，2009，15(01):160-165, 172.

[15] Ferraiolo D, Atluri V, Gavrila S. The policy achine: a novel architecture and framework for access control policy specification and enforcement[J]. Journal of Systems Architecture, 2011, 57(4):412-424.

第 **5** 章

访问控制统一实施框架

5.1
简述

　　访问控制作为信息系统的关键环节之一，一方面要建立满足不同策略的访问控制模型，另一方面需要高效地在系统中实施访问控制模型。随着信息系统理论研究和工程应用的不断发展，访问控制策略和模型也将不断更新。当访问控制策略和模型需要革新时，现有信息系统的访问控制升级工作是繁重的、高成本的，为了能够降低访问控制系统的维护和升级成本，需要建立一种能够适应多种访问控制策略和模型的实施框架，并且该框架应该事先进行良好的模块化设计。

　　为了建立适应多种访问控制模型和策略的实施框架，需要分析不同的访问控制模型和策略的特点，进而总结访问控制中基本的元素和关系，把访问控制标准化和通用化转化为可重用的关系集和功能集，以表达各种安全策略并进行实施。在关于访问控制基本元素和关系的研究中，英国伦敦皇家学院研发了一种面向对象的说明性语言——PONDER[1]，可以定义基于角色的访问控制策略、基于事件驱动的通用行为管理策略和根据条件进行系统资源配置的策略，使用 PONDER 语言描述访问控制策略有助于策略与实施机制的分离，从而建立较为通用的访问控制实施框架。但是，它从 RBAC 模型出发，难以适应其他类型的策略，例如强制访问控制策略和基于属性的访问控制策略。

可扩展的访问控制标记语言 XACML 是一种基于属性的访问控制策略语言和执行授权策略的框架，在传统的分布式环境中被广泛用于访问控制策略的执行。XACML 是基于 XML 的开放标准语言[2]，用于描述和实施对网络服务、数字版权管理以及企业信息进行访问的权限。XACML 的策略表达结构清晰，将安全规则表示为主体、客体、行为和约束四个主要属性的属性值集合，能够支持丰富的基于属性的访问控制策略，但是缺乏对属性的深入分析，使得其难以描述属性间的关系，例如，角色的继承关系在 XACML 语言中难以表达。Ferraiolo 等[3]对访问控制中包含的元素和关系进行了初步总结，并使用这些元素和关系描述了多种访问控制模型，但是其研究缺乏对访问控制模型和策略的分析，对访问控制系统应包含的基本元素的总结不够完善。

在智能制造系统中，需要采用多种策略、多种手段才能满足全方位的访问控制需求，目前的访问控制实施框架或者策略描述语言总是以某种访问控制策略或模型为基础而设计，适应性较差。为了满足智能制造系统的需求，需要建立一种适应多种访问控制策略或模型（例如 DAC、MAC 和 RBAC）的访问控制实施框架。另外，访问控制实施框架应利于访问控制决策系统与业务系统的集成，并降低系统的维护和升级成本。

本章的目标是提出一个通用的访问控制实施框架（Access Control Enforcement Framework，ACEF），以支持多种访问控制模型和策略，只要求改变数据配置即可将多种策略融入系统中。ACEF 中包括固定的数据关系和函数，通过一组固定的管理操作实现配置，从而实现安全策略的统一管理。利用 ACEF 在智能制造系统中实施访问控制，能够灵活地执行安全策略，使安全策略与实施机制解耦。使用统一的形式表达多种安全策略，用户和进程的动作受到多种安全策略的控制，可以在同一系统中采用多种安全策略保护资源。

5.2
访问控制的层次

访问控制的目标是把合法用户能够访问的数据资源限制在一定的范围内，保证只有授权用户才能对数据资源进行操作，其中数据资源被称为访问客体。因此，访问控制的三个基本元素是用户（*user*）、操作（*oper*）和客体（*obj*）。

从访问控制系统的运行过程出发，可以把访问控制分为两个阶段：①授权；②访问。首先要对用户进行授权，即客体的拥有者根据自身的意愿规定用户如何访问客体，授权的基本形式为：

$$<user, oper, obj> \tag{5-1}$$

授权可表示为一个三元组，表示允许用户 *user* 对客体 *obj* 进行操作 *oper*。其中，操作

与客体往往作为一个整体，称为权限（*perm*），即

$$perm:< oper, obj >$$

当用户需要访问某一客体时，计算机系统首先要创建一个可以被用户使用的、能够对客体进行操作的进程（*proc*），进程代表用户进行数据访问，因此，进程应能够获得其所代表用户的信息。进程首先发出针对某一数据访问的请求，数据访问的请求的形式与式（5-1）相同。访问控制系统遍历所有授权，若存在一个与访问请求相匹配的授权，则访问是合法的，否则访问是非法的。

现代信息系统中用户和客体的数量巨大，采用式（5-1）的授权形式是不现实的，需要对用户和客体分别进行分类，以支持批量授权。例如，MAC 把用户与客体按照密级划分，并根据用户与客体的密级匹配关系判断访问的合法性；RBAC 把用户和权限按照角色进行划分，用户通过角色获得相应的权限。但是 MAC 和 RBAC 的划分依据都比较单一，难以满足日益复杂的安全策略，而 ABAC 则采用属性作为划分依据，具有较高的灵活性，可以表达不同的安全策略。

根据上述分析，访问控制中的主体分为三个层次：用户组；用户；进程。客体分为两个层次：客体组和客体。操作的类型是有限的，不再分层。如图 5-1 所示。

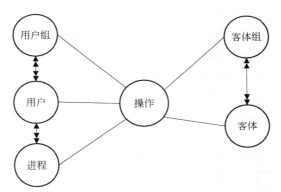

图 5-1　访问控制中的主客体层次
◄───►►一对多关系　◄◄──►►多对多关系　───关联关系

用户组与用户之间是多对多的关系，即一个用户组包含多个用户，一个用户也可以分属多个不同的用户组。用户与进程之间是一对多关系，即一个用户可以启动多个进程，但一个进程只能对应于一个用户。客体组与客体之间是多对多关系。

由图 5-1 可知，访问控制系统中的策略包含六个层次，如表 5-1 所示。

从"心理可接受原则"出发，授权类型<用户组，操作，客体组>是最符合现代信息系统的授权管理形式，因此，多数访问控制策略都采用这一授权类型。授权类型<用户，操

作，客体>的代表模型仅有 DAC，是在访问控制研究的最初阶段提出的，适用于多用户计算机操作系统的访问控制策略。而其他几种授权类型尚未在访问控制模型中得到研究和应用。

表 5-1　访问控制系统中的策略层次

序号	授权类型	代表模型
1	<用户组，操作，客体组>	MAC、RBAC、ABAC
2	<用户组，操作，客体>	
3	<用户，操作，客体组>	
4	<用户，操作，客体>	DAC
5	<进程，操作，客体组>	
6	<进程，操作，客体>	

如表 5-1 所示的六种授权层次中，访问主体包括用户组、用户和进程。针对不同主体进行的授权，作用范围是不同的，如图 5-2 所示。针对用户组的权限会作用在所有属于该用户组的用户；针对用户的权限会作用在该用户启动的所有进程；针对进程的权限只作用在该进程本身。因此，与其他五种授权类型相比，授权类型<用户组，操作，客体组>的效率是最高的。

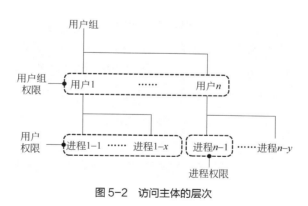

图 5-2　访问主体的层次

另外，在实际的工程应用中，这种批量的授权方式不能解决"例外"的情形。例如，在基于角色的访问控制中，动态职责分离约束要求某一用户使用了一对对立权限中的一个后，就不能再使用另外一个权限，这种约束作用的对象是用户，但是授权的时候是以角色为单位进行的。准确高效地处理"例外"情形是采用授权类型<用户组，操作，客体组>的一个必然要求。

5.3
ACEF 的构成

5.3.1 ACEF 的元素

根据上文的分析，访问控制实施框架（ACEF）应包含的元素如下。

（1）用户集（$USERS$）

用户集包含所有的用户，用户是访问请求的发起者，拥有唯一的身份标识。

（2）用户属性集（UAS）

用户属性反映了用户的某种性质，可用作用户分组的依据，支持面向用户组访问控制策略的描述。在访问控制系统中往往采用多个用户属性，所有的用户属性构成用户属性集（UAS），本书第 2 章已经对用户属性进行了详细的阐述，设定合适的用户属性可以对用户集进行细粒度的划分，并针对划分的用户子集进行授权。例如，可把用户的角色视为用户属性，由于不同的角色拥有不同的权限，用户被赋予某角色之后，就拥有了相应的权限；在强制访问控制中的用户密级和客体密级分别可视为用户和客体的属性，并通过密级的匹配关系定义用户的访问权限。属性的表达形式为名值对。

$$(att\text{-}name, att\text{-}value)$$

属性的名称是属性唯一标识，属性有其预定义的定义域；属性的不同取值表示了拥有该属性的主体在该属性下所处的状态，属性的任一取值都确定了一个实体子集。以用户的密级属性为例，若用户 $user$ 为秘密级，可表示为：

$$user.secret = \text{“秘密”}$$

（3）客体集（$OBJS$）

客体集是所有敏感资源的集合，客体是访问的被动对象，受到安全策略的保护，每个客体拥有唯一的标识。

（4）客体属性集（OAS）

客体属性集与主体属性集具有相似的含义，可用作客体分组的依据，支持面向客体组访问控制策略的描述，其表达形式与主体属性相同，不再赘述。

（5）操作集（$OPERS$）

操作集是所有对客体产生作用的处理类型的集合，不同的应用对操作集的定义是不同的。例如，在计算机操作系统中，对文件的操作包括读和写；在关系数据库中，对数据的操作包括创建、读取、更新和删除。

（6）权限集（*PERMS*）

权限为操作与客体的二元组，权限集可表示为

$$PERMS=2^{OPERS \times OBJS} \tag{5-2}$$

由式（5-2）可知，权限集中既包括针对单个客体的权限，也包括针对客体组的权限。由于智能制造系统中，客体的数量较大，因此，一般采用针对客体组的权限。

（7）权限属性集（*PEATS*）

访问控制系统中对权限的处理分为两个阶段：授予权限和使用权限。在某些应用环境中，授予权限并不代表用户可以毫无条件地使用权限。例如，在时态角色模型和空间角色模型中，用户要使用已经得到的授权，必须满足时间和空间的约束，即权限拥有时间属性和空间属性；在本书第 3 章提出的基于属性和任务的访问控制模型中，要求用户只能在完成相应的任务时才能使用相关的权限，权限拥有任务属性。权限属性集（*PEATS*）包含所有为控制权限使用而设定的权限属性。

（8）进程集（*PROCS*）

用户对客体的访问是通过进程完成的，进程是计算机中的实体，它拥有自己独立的内存空间，进程之间只有通过特定的媒介才能通信，例如，剪贴板和套接字。ACEF 把用户与代表用户完成访问的进程区分开，可以对访问进行更加灵活和安全的控制。用户与进程间的关系是一对多的关系，一个用户可能启动了多个进程，但是每个进程的所属用户是唯一的。进程集（*PROCS*）包含所有需要进行权限控制的进程，由于进程是一种不断被启动和关闭的对象，对进程的控制需要以进程的属性作为判别依据。

（9）进程属性集（*PRATS*）

进程是访问的直接主体，通过对进程的控制，可以为访问控制系统提供更加丰富、灵活的安全策略。在计算机系统中，进程的标识由操作系统控制，这种标识在访问控制系统中难以利用，而基于属性的访问控制可以满足这种难以进行身份标识的安全需求。进程属性集包含所有用于控制进程访问的属性。

启动进程的用户可作为进程最为重要的属性，进程拥有其启动用户的全部权限。另外，进程是程序的一次执行，可利用进程获得用于访问控制的动态属性，例如时间和地点。

（10）负权限集（*BANS*）

负权限表示禁止用户或者代表用户的进程所进行的访问，作为对访问控制系统权限的补充，用于处理一些特殊情况。负权限的表达形式为：

ban=!(*oper, obj*)或 ban=!(*oper, g_obj*)

分别为针对单个客体的负权限和针对客体组的负权限。

负权限优先级高于正权限，其含义是，如果用户 *user* 要对客体 *obj* 执行操作 *oper* 的访问，那么，系统预定义的权限中必须存在一个对应的权限，且不存在相应的负权限。

例如，当用户发出访问请求

$$access(user，oper，obj)$$

若用户 user 已经被分配了负权限

$$ban=!(oper, obj)$$

则无论用户是否被授予了权限

$$perm=(oper, obj)$$

用户的此次访问都是被拒绝的。

5.3.2　关系

关系用来表达 ACEF 中元素之间的相互作用，包括四种类型：

① 拥有，用于表达对象之间的包含关系；

② 关联，用于表达约束规则与属性之间的关系；

③ 限制，用于表达约束规则与作用对象之间的关系；

④ 义务，用于定义事件-响应关系。

5.3.2.1　拥有

在访问控制系统中，"用户拥有权限"是最明显的拥有关系，其他的拥有关系还包括用户或客体拥有某种属性等。ACEF 中以符号"→"表示拥有关系，拥有关系是偏序和传递的。企业在管理用户和客体时，往往通过各种属性的匹配关系制订策略，因此，属性不同取值之间也存在这样的拥有关系。例如，用户岗位职称属性，

　　　　D（岗位职称）={总设计师，主任设计师，主管设计师}

　　　　且：总设计师→主任设计师→主管设计师

　　　　规定：用户→岗位职称

那么，拥有"总设计师"属性的用户同时也拥有"主任设计师"属性，拥有"主任设计师"属性的用户同时也拥有"主管设计师"属性。

再如，客体的密级属性，

　　　　D（密级）={绝密，机密，秘密，一般}

　　　　且：绝密→机密→秘密→一般

　　　　规定：客体→密级

那么，拥有"绝密"属性的客体同时也拥有"机密"属性，拥有"机密"属性的客体同时也拥有"秘密"属性，拥有"秘密"属性的客体同时也拥有"一般"属性。

对 ACEF 中元素之间的拥有关系总结见表 5-2。其中，前四种拥有关系前文已经解释。用户与操作的拥有关系表示用户可以进行某种操作，在实际工程中没有意义，但是把其作

为一种基本关系能够保证访问控制策略描述的一致性。操作与客体的拥有关系能够表达权限的基本内容，这一拥有关系的提出同样是为了保证策略描述的一致性。权限与权限属性的拥有关系用于标定权限使用的有效性。进程与进程属性的拥有关系拥有标定主体在进行访问时的环境或者系统属性。

由于操作与客体的拥有关系是权限的基本内容，那么，当某一主体（如用户组、用户或者进程）拥有权限时，即

$$subject \rightarrow perm$$

且 $perm:=(oper, g\_obj)$

则此类拥有关系也可直接表示为：

$$subject \rightarrow oper \rightarrow g\_obj$$

表 5-2　ACEF 中元素之间的拥有关系

1	用户和用户属性的拥有关系	$user \rightarrow uatt\text{-}name$
2	同一用户属性不同取值的拥有关系	$uatt\text{-}value_x \rightarrow uatt\text{-}value_y,$ 其中，$uatt\text{-}value_x \in D(uatt\text{-}name),$ 且 $uatt\text{-}value_y \in D(uatt\text{-}name)$
3	客体和客体属性的拥有关系	$obj \rightarrow oatt\text{-}name$
4	同一客体属性不同取值的拥有关系	$oatt\text{-}value_x \rightarrow oatt\text{-}value_y,$ 其中，$oatt\text{-}value_x \in D(oatt\text{-}name),$ 且 $oatt\text{-}value_y \in D(oatt\text{-}name)$
5	用户与操作的拥有关系	$user \rightarrow oper$
6	操作与客体的拥有关系	$oper \rightarrow obj$
7	权限与权限属性的拥有关系	$perm \rightarrow peatt\text{-}name$
8	进程与进程属性的拥有关系	$proc \rightarrow pratt\text{-}name$
9	用户与负权限的拥有关系	$user \rightarrow ban$
10	进程与负权限的拥有关系	$proc \rightarrow ban$

目前，基于角色的访问控制模型是最受关注的，其基本做法是用户通过角色获得相应的权限，其中的关键环节包括：用户角色配置、角色权限配置和角色继承。下面使用表 5-2 中所列出的拥有关系描述基于角色的访问控制模型，以进一步解释"拥有"关系的含义。

ACEF 中把角色视为一种用户属性（$role$），假设 $D（role）=\{$ role1，role2$\}$ 且 $(role,$ role1$) \rightarrow (role,$ role2$)$

该假设称为"角色假设"，其含义是，访问控制系统中存在两种角色 role1 和 role2，且 role1 是比 role2 高级的角色，即 role1 包含了 role2 的所有权限，属于 role1 的用户同时也属于 role2。

ACEF 中可把权限描述为一种关系，即

$$oper \rightarrow obj$$

这种针对单个客体的权限难以应用到存在大量客体的信息系统中，故往往定义为：

$$oper \rightarrow S_{obj}$$

其中，S_{obj} 表示客体子集，即

$$S_{obj} \subset OBJS$$

而 ACEF 中客体子集往往表示为符合多种客体属性取值的客体，例如，假设

$$obj \rightarrow ottr1, \text{ 且 } D(ottr1) = \{ ottr1\_value1, ottr1\_value2 \}$$

$$obj \rightarrow ottr2, \text{ 且 } D(ottr2) = \{ ottr2\_value1, ottr2\_value2 \}$$

该假设称为"客体假设"，其含义是，客体拥有两种客体属性 $ottr1$ 和 $ottr2$，并且每个客体属性分别包含两种取值，这样即可把客体集分为四个客体子集：

$$S_{obj-1} = \{obj| \ obj.ottr1 = ottr1\_value1, \text{ 且 } obj.ottr2 = ottr2\_value1\}$$

$$S_{obj-2} = \{obj| \ obj.ottr1 = ottr1\_value1, \text{ 且 } obj.ottr2 = ottr2\_value2\}$$

$$S_{obj-3} = \{obj| \ obj.ottr1 = ottr1\_value2, \text{ 且 } obj.ottr2 = ottr2\_value1\}$$

$$S_{obj-4} = \{obj| \ obj.ottr1 = ottr1\_value2, \text{ 且 } obj.ottr2 = ottr2\_value2\}$$

客体子集的关键参数是客体属性的不同取值，因此，下面直接使用属性表示客体子集。

对于 S_{obj-1}，可简化描述为：

$$S_{obj-1} := (\ (obj.ottr1, ottr1\_value1), \ (obj.ottr2, \ ottr2\_value1))$$

那么，客体子集与客体的拥有关系是自然的，若客体 obj1 的属性取值为：

$$obj1.ottr1 = ottr1\_value1$$

$$obj1.ottr2 = ottr2\_value1$$

则，也可表示为：

$$S_{obj-1} \rightarrow obj1$$

上述假设仅存在两种操作类型——读和写，分别称为 $oper1$ 和 $oper2$，该假设称为"操作假设"。那么，根据"操作假设"和"客体假设"，系统中的权限如表 5-3 所示。

表 5-3 "操作假设"和"客体假设"条件下的权限

perm1	$oper1 \rightarrow (\ (obj.ottr1, ottr1\_value1), \ (obj.ottr2, ottr2\_value1))$
perm2	$oper1 \rightarrow (\ (obj.ottr1, ottr1\_value1), \ (obj.ottr2, ottr2\_value2))$
perm3	$oper1 \rightarrow (\ (obj.ottr1, ottr1\_value2), \ (obj.ottr2, ottr2\_value1))$
perm4	$oper1 \rightarrow (\ (obj.ottr1, ottr1\_value2), \ (obj.ottr2, ottr2\_value2))$
perm5	$oper2 \rightarrow (\ (obj.ottr1, ottr1\_value1), \ (obj.ottr2, ottr2\_value1))$
perm6	$oper2 \rightarrow (\ (obj.ottr1, ottr1\_value1), \ (obj.ottr2, ottr2\_value2))$
perm7	$oper2 \rightarrow (\ (obj.ottr1, ottr1\_value2), \ (obj.ottr2, ottr2\_value1))$
perm8	$oper2 \rightarrow (\ (obj.ottr1, ottr1\_value2), \ (obj.ottr2, ottr2\_value2))$

假设对角色 role2 的权限配置为：

$$(role, \text{role2}) \rightarrow perm1$$

$$(role, \text{role2}) \rightarrow perm2$$

$$(role, \text{role2}) \rightarrow perm3$$

$$(role, \text{role2}) \rightarrow perm4$$

对角色 role1 的权限配置为：

$$(role, \text{role1}) \rightarrow perm5$$

$$(role, \text{role1}) \rightarrow perm6$$

$$(role, \text{role1}) \rightarrow perm7$$

$$(role, \text{role1}) \rightarrow perm8$$

若用户 user1 和 user2 分别被赋予角色 role1 和 role2，即

$$\text{user1} \rightarrow (role, \text{role1})$$

$$\text{user2} \rightarrow (role, \text{role2})$$

则，用户 user2 拥有 role2 的权限，用户 user1 拥有角色 role1 和 role2 的权限并集。

以上已经使用表 5-2 中所列的前六项拥有关系描述了基于角色的基本模型，根据上文中的各种假设条件，当用户 user1 需要对客体 $obj1$ 进行操作 $oper1$ 时，可形成如图 5-3 所示的拥有关系链，该关系链表明，用户 user1 的此次访问是合法的。

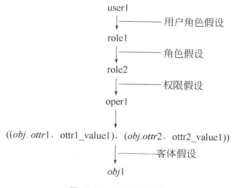

图 5-3 拥有关系链

5.3.2.2 关联和限制

关联和限制关系用于描述访问控制规则的条件和目标，本节首先说明表 5-2 中权限与权限属性的拥有关系以及进程与进程属性的拥有关系，把这两种拥有关系作为支持访问控制规则制订的基础，然后说明关联和限制关系。仍以基于角色的访问控制模型为例进行说明。

在基于角色的访问控制模型的研究中，有学者针对不同的应用需求在标准模型中增加了相应的元素，以形成更加丰富的约束，从而适应不同的访问控制需求。时间约束和空间

约束是两种受到关注的约束，进一步限制了用户对权限的使用，即要求用户必须在一定的时间段内或者一定的区域才能使用某些权限。在 ACEF 中，把时间和空间视为权限的属性。

简明起见，以符号 *interval* 和 *area* 分别表示时间属性和空间属性，权限与权限属性的拥有可表示为：

$$perm \rightarrow interval$$
$$perm \rightarrow area$$

两个属性的定义域分别为：

$$D(interval) = \{interval_1, interval_2\}$$
$$D(area) = \{area_1, aera_2\}$$

表 5-3 中所列的八个权限的时间和空间属性的取值如表 5-4 所示，称为"权限属性假设"。

表 5-4　权限属性假设

$perm_1$	$((interval = interval_1), (area = area_1))$
$perm_2$	
$perm_3$	$((interval = interval_1), (area = area_2))$
$perm_4$	
$perm_5$	$((interval = interval_2), (area = area_1))$
$perm_6$	
$perm_7$	$((interval = interval_2), (area = area_2))$
$perm_8$	

表 5-4 中权限设置的含义是，只有处于指定的时间段和区域时权限才是有效的。如权限 $perm_1$，虽然用户 user1 拥有该权限，但是并不能任意地使用该权限进行访问，要求用户必须在时间段 $interval_1$ 内，并且处于区域 $area_1$ 时才能使用权限 $perm_1$ 进行访问。

要实现上述权限使用策略，还必须要求用户在访问时提供相应的属性信息。如上文所述，用户的访问是通过创建相应的进程来完成的，因此，要求进程拥有相应属性：

$$proc \rightarrow creator$$
$$proc \rightarrow time$$
$$proc \rightarrow position$$

其中，*creator* 属性表示进程的创建者；*time* 属性表示进程运行的当前时间；*position* 属性表示运行该进程的设备所处的位置。进程与进程属性的"拥有"关系要求进程具备获得进程属性的能力，是对程序编制提出的要求。

以符号"—"表示约束规则（*rule*）与属性的关联关系，如权限有效性的时间约束规则（timeRule）和区域约束规则（areaRule），即

$$timeRule := proc.time \ IN \ perm.interval$$
$$areaRule := proc.position \ IN \ perm.area$$

则两个规则与进程属性以及权限属性必然存在关联，即

$$timeRule—time\leftarrow proc$$
$$timeRule—interval\leftarrow perm$$
$$areaRule—position\leftarrow proc$$
$$areaRule—area\leftarrow perm$$

规则与属性间的关联关系说明了约束规则的制订必须以相应的属性信息的获得为基础。

约束规则总是作用于特定对象，规则得到满足是判别其作用对象有效性的依据。如时间约束规则和区域约束规则的作用对象是权限，规则得到满足则权限是有效的，否则权限是无效的。这种限制关系以符号"⇒"表示。若把约束规则加入到访问决策中，其过程如图 5-4 所示，图左侧为图 5-3 所示的拥有关系链，图右侧为约束规则，约束规则得到满足将决定权限的有效性，只有在时间约束和空间约束都得到满足时，权限才是有效的，左侧的"拥有关系链"才是完整的。

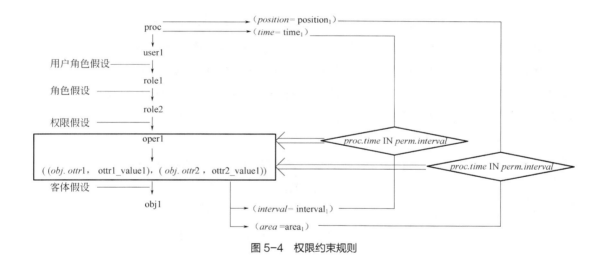

图 5-4　权限约束规则

5.3.2.3　义务

本书第 3 章已经把"义务"定义为事件、条件和响应的三元组：

$$obligation: <event, conditions, response>$$

事件（event）是进程完成的某种操作；响应（response）是指事件发生后系统对权限配置的更新；条件（conditions）决定响应是否执行。"义务"的格式为：

WHEN event($x_1, x_2, \cdots, x_k$)

IF (conditions)　THEN

response

END

其中，event 为事件的名称；$(x_1, x_2, \cdots, x_k)$ 为事件的参数；conditions 是一些布尔表达式，只有全部满足时，才执行响应；response 是一系列的管理操作，这些管理操作将改变原有的用户权限配置。下面从两个方面进一步解释 ACEF 中义务的作用。

（1）实现动态职责分离约束

Brewer 和 Nash 提出的"中国墙"（Chinese Wall）策略，是一种典型的动态职责分离约束策略。中国墙策略能够避免用户的利益发生冲突。比如，一所大学的研究团队可能为多个公司提供仿真分析的服务，如果其中两个公司存在竞争关系，那么，也可采用这一策略，防止发生欺诈行为。

动态职责分离策略可表示为：

$$dsod\langle UG, AG, cond\rangle$$

其中，$UG=\{$公司 C 的所有用户$\}$，$AG = Access\_A \cup Access\_B$，$Access\_A = \{$对公司 A 所有产品数据的访问$\}$，$Access\_B = \{$对公司 B 所有产品数据的访问$\}$。

$\forall user \in UG$，$cond$: $(history(user, AG) \subset Access_A) \oplus (history(user, AG) \subset Access_B) = $TRUE

"$\oplus$"表示异或，即两个条件中有且只能有一个为 TRUE，其计算结果才为 TRUE。

中国墙策略的动态性表现为公司 C 的任一工程师都拥有访问公司 A 和公司 B 产品数据的权限，可根据需要选择访问任一公司的数据，但是，一旦用户选择了访问其中任何一个公司的数据，该用户就不能再访问另一公司的数据。这种动态的访问控制策略可通过"义务"实现：

$\forall user \in UG$

event: when access(user, oper, obj_a), oper $\in OPERS$, $obj_a \in$ g_obj(company=A)

response: user$\rightarrow$ban(oper, g_obj (company=B))

and

event: when access(user, oper, obj_b), oper $\in OPERS$, $obj_b \in$ g_obj(company=B)

response: user$\rightarrow$ban(oper, g_obj (company=A))

其中，事件的响应使用用户与负权限关联，由于负权限的优先级高于一般权限的优先级，因此，用户一旦访问了公司 A 或 B 的产品数据，就不能再访问 B 或 A 公司的产品数据。

（2）防止数据泄露

数据泄露是指通过权限配置的缺陷使用户获得非授权信息。该问题在访问控制研究的早期就已经得到重视，例如，在 BLP 模型中的"*-特性"（*-property）：用户不能向低于自身安全级别的对象中写入数据，即通常所说的"不下写"[❶]。假设系统中存在两个用户 $user_1$ 和 $user_2$，并存在下列权限配置：

$$user_1 \rightarrow （read, obj_1）$$

[❶] BLP 模型的另一特性是"简单特性"（simple property），即用户不能读高于自身安全级别的数据，即"不上读"。

$$user_1 \rightarrow (\text{write, } obj_2)$$

$$user_2 \rightarrow (\text{read, } obj_2)$$

$user_1$ 读取了 obj_1 并将其写入 obj_2，虽然符合权限配置的要求，但是，经过上述操作，$user_2$ 可以读取未经授权的信息。"木马病毒"可通过增加恶意代码，使安全级别（secret level，sl）较高的用户在读取敏感信息后将其写入公开的文件中，从而截取敏感信息。BLP 模型通过安全级别的设置和"*-特性"能够避免这种情形的发生。下面的权限设置符合 BLP 模型的要求：

$$(sl, \text{"秘密"}) \rightarrow (sl, \text{"一般"})$$

$$user_1 \rightarrow (sl, \text{"秘密"})$$

$$user_2 \rightarrow (sl, \text{"一般"})$$

$$obj_1 \rightarrow (sl, \text{"秘密"})$$

$$obj_2 \rightarrow (sl, \text{"一般"})$$

由于模型必须满足"*-特性"，即使用户具有较高的密级，也不能对密级较低的对象进行写操作。这种安全机制的实现依赖于安全等级的设置和"*-特性"，使 BLP 模型的使用范围得到限制，要防止数据泄露，必须接受高密级用户不能写低密级文件的限制。

利用 ACEF 的义务动态性，可修改"*-特性"为：

event: when access(process, read, obj)

response: process→ban(write, (sl, value<obj.sl))

其中，process 为代表用户完成读取数据的进程。由于，数据泄露总是发生在用户读取数据并将数据写入低密级对象中，因此，把用户读取数据作为一种事件，该事件的响应为禁止 process 向其他低密级对象的写操作，以"义务"代替"*-特性"可保证高密级数据不被写入低密级对象中，同时避免了"一刀切"的处理方式。另外，此类"义务"可在不同的模型中进行不同的设置，可在不同的模型中防止数据泄露。

5.4
ACEF 的适应性

下面采用 ACEF 中定义的元素和关系描述基于属性和角色的访问控制模型（A-RBAC）、强制访问控制模型（MAC）、自主访问控制模型（DAC）、基于属性和任务的访问控制模型（A-TBAC）。

5.4.1　A–RBAC

A-RBAC 模型中的两个核心概念是角色和属性，通过角色建立用户与权限的联系，实现批量授权，通过客体属性（客体属性元组）限定客体的范围，支持动态的、细粒度的访问控制策略。A-RBAC 模型需要考虑两个继承于 RBAC 标准模型的特性：角色继承和职责分离约束。

角色继承是角色之间的偏序关系。对于两个存在继承关系角色 $role_1$ 和 $role_2$，如果 $role_1$ 是 $role_2$ 的上级角色，则所有拥有角色 $role_1$ 的用户不但拥有角色 $role_1$ 的全部权限，也拥有角色 $role_2$ 的全部权限。

在 RBAC 标准模型中以静态角色互斥约束和动态角色互斥约束间接实现职责分离约束。静态角色互斥约束要求互斥角色不能指派给同一用户；动态角色互斥约束中互斥角色可以指派给同一用户，但是，用户不能同时激活互斥角色。RBAC 中互斥角色的定义：若角色 $role_3$ 所拥有的权限中有与角色 $role_4$ 拥有的权限相冲突的权限，则 $role_3$ 与 $role_4$ 是互斥角色。为了控制冲突权限不被相同的用户拥有，RBAC 把该问题扩大到不能拥有或激活两个互斥角色，角色中的其他权限受到了冲突权限的影响，因此，互斥角色是一种对职责分离约束的严格的间接实现方式。ACEF 通过负权限和义务可直接实现职责分离约束，包括静态职责分离约束和动态职责分离约束。

5.4.1.1　策略的表达

ACEF 是用于 A-RBAC 模型动态的、细粒度的访问控制策略。以机械产品协同开发环境中的典型访问控制策略为例，以 A-RBAC 模型作为访问控制实施的指导模型，角色可以被视为用户的属性，系统中包括两个角色：role=主任设计师；role=设计师，且主任设计师继承设计师的所有权限。利用客体属性 isOwner（是否是零件的负责人）和 phase（零件的设计阶段）作为限制客体访问的基础，且

$$D(isOwner)=\{true, false\}$$
$$D(phase)=\{设计阶段, 完成阶段\}$$

$isOwner$ = true，表示当前用户是零件的负责人；$isOwner$ = false，表示当前用户不是零件的负责人。每个零件都有特定的零件负责人的信息。$phase$ =设计阶段，表示零件正在设计过程中；$phase$ =完成阶段，表示零件的设计已经完成。

本例中，仅考虑系统对零件数据的浏览和编辑操作。要求：

① 设计师角色的用户可以编辑自身为负责人的、处于设计阶段的零件；

② 设计师角色的用户可以浏览自身为负责人的、处于设计阶段的零件；

③ 设计师角色的用户可以浏览所有处于完成阶段的零件，无论自身是否为零件的负责人；

④ 主任设计师拥有设计师角色的全部权限；

⑤ 主任设计师可以编辑或浏览自身不是负责人的、处于设计阶段的零件。

图 5-5 为 ACEF 框架下上述安全策略的描述。其中，属性 $isOwner$ 较为特殊，其取值

只能依靠当前用户的用户名与所访问零件提供的负责人信息的对比才能确定，当前用户不同，属性 *isOwner* 的取值就不同。

若用户 1 是当前用户，则

$$零件图 1 → （isOwner = true）$$
$$零件图 2 → （isOwner = true）$$
$$零件图 3 → （isOwner = false）$$
$$零件图 4 → （isOwner = false）$$

若用户 2 是当前用户，则

$$零件图 1 → （isOwner = false）$$
$$零件图 2 → （isOwner = false）$$
$$零件图 3 → （isOwner = true）$$
$$零件图 4 → （isOwner = true）$$

若用户 3 是当前用户，则全部四个零件图都与（*isOwner* = false）关联。

图 5-5 中，关于操作的关联关系的数字标号是为了在简化的表达中消除歧义。例如图 5-5 中所有标号为 "4" 的关联表示的含义是：

perms:（主任设计师，浏览，（（*isOwner* = false）∩（*phase* = 设计阶段）））

即拥有主任设计师角色的用户可以浏览自身不是零件负责人、处于设计阶段的零件。

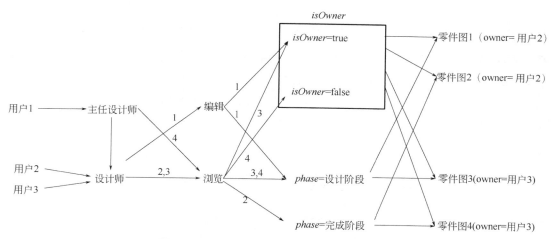

图 5-5　ACEF 框架下 A-RBAC 的授权策略示例

图 5-5 所描述的是系统在某一时刻的权限配置，随着零件设计工作的进展，零件图 1 和零件图 3 的状态会发生改变。根据图 5-5 中的权限配置，三个用户对零件图的访问权限如表 5-5 所示。

表 5-5　对应于图 5-5 的授权列表

用户	权限
用户 1	（用户 1，浏览，零件图 1）；（用户 1，浏览，零件图 2）； （用户 1，浏览，零件图 3）；（用户 1，浏览，零件图 4）
用户 2	（用户 2，浏览，零件图 1）；（用户 2，浏览，零件图 2）； （用户 2，浏览，零件图 4）；（用户 2，编辑，零件图 2）
用户 3	（用户 3，浏览，零件图 1）；（用户 3，浏览，零件图 3）； （用户 3，浏览，零件图 4）；（用户 3，编辑，零件图 3）

需要指出，虽然主任设计师继承了设计师的全部权限，即用户 1 比用户 2 和用户 3 具有更高的优先级，但是由于 A-RBAC 模型中的策略是动态的，所以，用户 3 并没有编辑零件图的权限，因为，用户 3 不是图 5-5 中所列的四个零件图的设计负责人，这符合机械产品开发过程中"责任到人"的管理原则。

5.4.1.2　职责分离约束的实现

RBAC 中，静态职责分离可采用静态角色互斥约束来实现，要求一个用户不能同时拥有两个互斥角色，同时，静态互斥角色之间不能存在继承关系。静态角色互斥约束通过在角色-权限配置和角色-用户配置过程中增加相应的条件实现，处理方式较为简单。

机械产品协同开发环境中更为常见的是动态职责分离约束，例如，对于敏感零部件的秘密性，一般要求一个用户不能读取其所有数据。如图 5-6 所示为某阀门所包含的敏感参数，为了保证阀芯与阀体的密封性以及阀芯的运动平稳性，关键参数为阀套表面硬度（o_a）、阀套表面粗糙度（o_b）、阀芯表面硬度（o_c）、阀芯表面粗糙度（o_d）以及阀芯与阀套的配合公差（o_e），这些参数的获得须通过大量的试验与检测获得，是该产品具有市场竞争力的关键。对于某些用户，虽然具备读取这些参数的权限，但是要求他们只能读取其中的任意三个数据而不是全部。

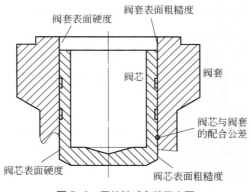

图 5-6　零件敏感参数示意图

若采用静态角色互斥约束实现对上述访问的限制，则首先需要划分出更多的角色。本例列举的 5 个参数中，对于一部分用户，其中任一用户都不能读取超过三个参数。这些参数不能采用本书第 2 章提出的基于属性的权限表示，只能以对象自身定义权限，因此需要定义下列权限：$<read, o_a>$；$<read, o_b>$；$<read, o_c>$；$<read, o_d>$；$<read, o_e>$。需要设置 $C_5^3 = 10$ 个角色，每个角色包含三个权限，这 10 个角色两两之间都是互斥角色。这种做法存在的问题是：①角色的设置与岗位之间的天然联系被破坏了，难以理解；②使得系统中的角色数量大幅增加，用户角色配置的难度很大，甚至是不现实的。

上文实例所描述的动态职责分离策略可表示为：

$$dsod_1\langle UG_1, AG_1, cond_1\rangle$$

其中，

$$AG_1 = \{(read, o_a), (read, o_b), (read, o_c), (read, o_d), (read, o_e)\}$$

$$\forall user \in UG_1, cond_1: |history(user, AG_1)| \leqslant 3$$

$|history(user, AG_1)|$ 表示用户的访问历史的长度。

上述动态职责分离策略可通过 ACEF 的义务和负权限进行实施，把用户访问历史达到动态职责分离策略允许最大上限视为事件，上例中，用户 $user$ 访问历史达到上限，即

$$|history(user, AG_1)| = 3$$

因此，该动态职责分离策略的实施方式为：

event: when $|history(user, AG_1)| = 3$

$\qquad$ $history(user, AG_1) = \{(read, o_a), (read, o_b), (read, o_c)\}$

response: $user \rightarrow \text{ban}(read, o_d)$

$\qquad$ $user \rightarrow \text{ban}(read, o_e)$

5.4.2　MAC

强制访问控制模型依靠访问主体与客体的密级（$secret\ level, sl$）、匹配关系定义访问权限，包括两个典型的模型：BLP 模型和 Biba 模型。BLP 模型从数据安全的角度出发，其核心策略是：不上读，不下写；Biba 模型从数据的一致性出发，其核心策略与 BLP 模型相反，要求：不下读，不上写。Biba 模型虽然能够保证数据的一致性，但是安全性难以保证，因此，为得到广泛的应用。BLP 模型目前是唯一得到严格的安全性证明的访问控制模型，下面以 BLP 模型为例，说明 ACEF 对强制访问控制模型的适应性。

BLP 模型中的密级可认为是用户或者客体的属性，在一次访问过程中，代表用户的进程继承用户的密级，并保持不变。密级具有偏序关系，但是由于 BLP 模型要求不上读、不

下写，因此，客体密级的偏序关系在读操作和写操作中是相反的，为了使描述更加清晰，用户的密级属性以符号 usl 表示，客体的密级属性以符号 osl 表示。在应用系统中，密级数量可根据需求设置，在机械产品协同开发环境中，密级的定义域一般为：

$$D(sl)=\{绝密，机密，秘密，一般\}$$

BLP 模型中的"不上读"规则在 ACEF 中的表示如图 5-7 所示。对于读操作，客体密级属性的关联关系为：

$$(osl，"绝密")\rightarrow(osl，"机密")\rightarrow(osl，"秘密")\rightarrow(osl，"一般")$$

密级属性为"绝密"的用户可以读所有的文件，而密级属性为"一般"的用户只能读密级属性同样为"一般"的文件。

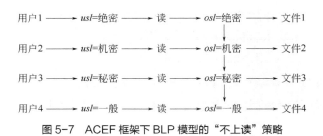

图 5-7　ACEF 框架下 BLP 模型的"不上读"策略

BLP 模型中的"不下写"规则在 ACEF 中的表示如图 5-8 所示。对于写操作，客体密级属性的关联关系为：

$$(osl，"一般")\rightarrow(osl，"秘密")\rightarrow(osl，"机密")\rightarrow(osl，"绝密")$$

写操作与读操作的客体密级属性的偏序关系相反。密级属性为"绝密"的用户只能写密级属性为"绝密"的文件，而密级属性为"一般"的用户可以写所有的文件。

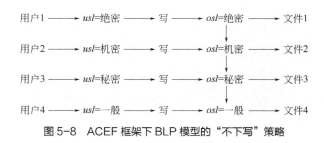

图 5-8　ACEF 框架下 BLP 模型的"不下写"策略

将图 5-7 和图 5-8 结合即为 BLP 模型的完整表达，根据图 5-7 和图 5-8 中的权限配置，四个用户对四个文件的访问权限如表 5-6 所示，根据 ACEF 框架所获得的权限配置完全符合 BLP 模型的规则。

表 5-6　对应于图 5-7、图 5-8 的权限列表

用户	权限
用户 1	（用户 1，读，文件 1）；（用户 1，读，文件 2）；（用户 1，读，文件 3）； （用户 1，读，文件 4）；（用户 1，写，文件 1）
用户 2	（用户 2，读，文件 2）；（用户 2，读，文件 3）；（用户 2，读，文件 4）； （用户 2，写，文件 1）；（用户 2，写，文件 2）
用户 3	（用户 3，读，文件 3）；（用户 3，读，文件 4）；（用户 3，写，文件 1）； （用户 3，写，文件 2）；（用户 3，写，文件 3）
用户 4	（用户 4，读，文件 4）；（用户 4，写，文件 1）；（用户 4，写，文件 2）； （用户 4，写，文件 3）；（用户 4，写，文件 4）

需要指出，BLP 模型中的"不下写"规则在一般的应用中是难以理解的，一个用户可以写一个文件，同时又不能读这个文件，在操作上难以控制。这一规则主要是从安全的角度制订的，是 BLP 模型限制过于严格的一种体现。"不下写"的目标是保证不能把高密级的信息写入低密级的文件中，从而防止信息的泄露。前文（第 5.3.2.3 节）中已经讨论了利用义务和负权限修正这一规则，可以在保证安全性的同时增加模型的灵活性。

5.4.3　DAC

自主访问控制模型主要应用于用户和客体数量较少的系统，客体的拥有者可根据自身的意愿将客体的访问权限授予其他用户。由于用户和客体的数量较少，自主访问控制模型中的访问控制策略表达是简单直接的，一般用访问控制矩阵表示，如表 5-7 所示。其中，用户 $user_1$ 是文件 $file_1$ 的拥有者，意味着用户 $user_1$ 拥有对该文件的所有访问权限，可以将 $file_1$ 的"read"权限授予 $user_2$。而文件 $file_2$ 的拥有者用户 $user_2$ 可将该文件的"read、write"权限授予 $user_1$。

表 5-7　访问控制矩阵

用户	资源	
	$file_1$	$file_2$
$user_1$	own，write，read	read，write
$user_2$	read	own，write，read

应用自主访问控制模型的系统中由于用户和客体的数量都比较少，可以把用户名称和客体名称视为属性，那么表 5-7 中访问控制矩阵所描述的权限配置如图 5-9 所示。

客体的拥有者可以授予其他用户对该客体的访问权限，把用户的授权行为视为一种事件，而被授权用户权限配置的更新可视为对授权事件的响应，即把授权行为视为一种义务。以函数

$$grant(user_1, (user_2, oper, obj))$$

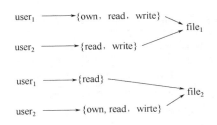

图 5-9　ACEF 框架下的 DAC 访问控制策略描述

表示用户 user$_1$ 的授权行为，授权成功后，用户 user$_2$ 可以对客体 *obj* 进行操作 *oper*。以函数

$$\text{own}(user, obj)$$

表示用户 *user* 是否拥有 *obj*。若拥有则返回 true，否则返回 false。例如，user$_1$ 将 file$_1$ 的"写"权限授予 user$_2$，授权事件和响应描述如下：

event: *grant*(user$_1$, (user$_2$, write, file$_1$))

response: if(own(user$_1$, file$_1$))

　　　　then user$_2$→(write, file$_1$)

end

该事件的响应中包含了自主访问控制模型的基本要求，即只有客体的拥有者才能授予其他用户对该客体的访问权限。在 HRU 模型中，授权的条件也可以为该用户自身是否拥有对应的权限，在 ACEF 中只需修改事件响应的条件即可。

5.4.4　A-TBAC

基于属性和任务的访问控制模型以任务和属性作为描述访问控制策略的核心，把对任务的访问权限直接与任务的状态属性联系起来，在保证工作流系统中数据流与权限流的一致性的同时，把任务权限的使用限制在与任务相关的工作中，能够更好地保证数据的安全性和一致性。

在 ACEF 中，对 A-TBAC 模型的策略描述如图 5-10 所示。用户的属性可被用于建立授权策

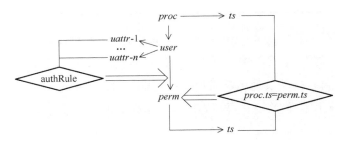

图 5-10　ACEF 框架下 A-TBAC 模型的策略描述

略 authRule，要求只能满足一定属性条件的用户才能被授予指定的权限。权限和进程都拥有属性 ts（任务步，本书第 3 章定义），权限的有效性依据规则 $proc.ts = perm.ts$ 是否得到满足而定。

5.5
ACEF 的架构

　　ACEF 采用有限的元素和关系，能够表达多种访问控制策略，可实现不同访问控制策略和模型的集成，使得业务系统和访问控制系统解耦，各个业务系统以及访问控制系统的开发可并行展开，并且可降低系统的维护成本。

　　ACEF 框架设计的目标是为多种应用系统实施统一的访问控制服务，其架构如图 5-11 所示。

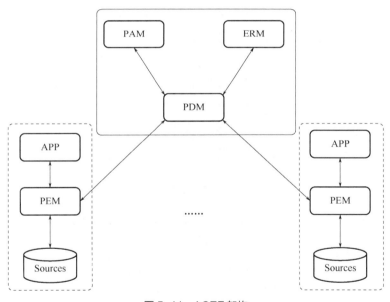

图 5-11　ACEF 架构

　　ACEF 框架把访问控制系统分为两大部分，一是服务端，另一是应用端。服务端包括三个模块：策略管理模块（Policy Administration Module，PAM）；策略决策模块（Policy Decision Module，PDM）；事件响应模块（Event Response Module, ERM）。应用端表现为应用系统的策略实施模块（Policy Enforcement Module, PEM），不同的应用系统要根据自身的程序结构和数据结构建立自身的 PEM。

　　PAM 模块的功能是对访问控制策略进行管理，主要工作是根据企业的安全规章制度建立 ACEF 基本元素之间的拥有关系，编写约束规则，是访问控制决策的依据。本书第 5.4 节"ACEF 的适应性"中对各种策略的描述是 PAM 模块需要保存的内容，如图 5-11 所示的工作流访问控制策略。其他工作还包括元素关系以及约束规则的修改和删除等。PAM 模块需要一个便于安全管理员进程策略管理的用户界面。

PDM 模块的功能是接收应用系统发送的访问请求，选择与应用系统相对应的访问控制策略，根据策略判别访问是否合法，并将判别结果返回到应用系统。若访问是合法的，PDM 模块还应把访问请求以及所使用的权限发送到 ERM 模块。

ERM 模块的功能是定义事件-响应函数，接收 PDM 模块发送的信息，把访问请求和权限使用作为事件，若存在匹配的事件-响应函数，则根据响应结果，对 PAM 模块中的策略进行修改。例如，根据动态职责分离约束和权限使用情况，在 PAM 模块中添加相应的用户-负权限的拥有关系。

PEM 模块的功能是根据 PDM 模块定义的访问请求格式，重新组织业务模块（APP）发出的访问请求信息，将访问请求发送到 PDM 模块，并接收 PDM 模块返回的决策结果。在组织访问请求的信息时，PEM 模块需要从业务模块和资源存储模块（Sources）获取必要的信息，例如，进程属性、用户属性、客体属性等。

本章建立了支持多种访问控制策略的访问控制统一实施框架（ACEF），该框架包含了访问控制中最基本的元素和关系，通过这些元素和关系能够统一表现现有主流访问控制策略，有助于建立集中的访问控制管理。框架采用模块化设计，包括策略管理模块（PAM）、策略决策模块（PDM）、事件响应模块（ERM）和策略实施模块（PEM），使业务系统与访问控制解耦，有利于智能制造系统的开发和维护。

参考文献

[1] Damianou N, Dulay N, Lupu E, et al. The ponder policy specification language[C]// International Workshop on Policies for Distributed Systems and Networks. Berlin: Springer, 2001:18-38.

[2] Rissanen E. Oasis extensible access control markup language (xacml) version 3.0[J]. Oasis committee specification, 2013, 1.

[3] Ferraiolo D, Atluri V, Gavrila S. The policy machine: a novel architecture and framework for access control policy specification and enforcement[J]. Journal of Systems Architecture, 2011, 57(4):412-424.

第**6**章

访问控制系统的开发与应用

本章以"协同工作集成平台（CSE）"的访问控制系统为例，说明访问控制系统的开发与应用。应用 A-RBAC 模型实现 CSE 中对数据的访问控制，支持动态的、细粒度的安全策略。应用 A-TBAC 模型实现对工作流的访问控制，保证工作流系统中任务流与权限流的一致性，并增强了权限的使用控制。为了增加 CSE 访问控制的灵活性，访问控制系统包含权限委托功能，实现可控的权限委托。以本书提出的访问控制系统实施框架（ACEF）为基础对 CSE 的访问控制系统进行开发，使业务系统与访问控制系统解耦，以提高系统的开发效率，降低系统的维护成本。

6.1
项目背景

协同工作集成平台将产品设计、仿真分析、制造信息统一在集成平台中，有效解决产品创新设计中人员协作程度低、仿真数据分散、产品研发周期长等问题。为了实现上述目标，CSE 平台应包含数据管理、工作流管理等多个功能模块，其功能架构如图 6-1 所示。

平台产品的体系架构分为六层：

① 用户层：包括总师、项目负责人、仿真分析工程师、设计工程师等相关用户。

② 交互层：提供系统与用户交互的 Web 门户和作业工作台。

③ 工具层：可以集成到 CSE 中的各种产品设计、分析工具，如 Ansys、VirtualLab、

SolidWorks 等，以及用户自制的专用软件。

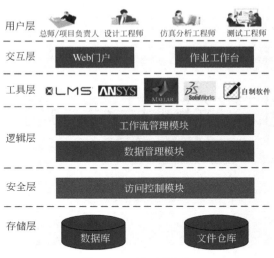

图 6-1 CSE 功能架构

④ 逻辑层：处理用户请求，例如数据的访问、工作流的执行等。

⑤ 安全层：接收数据或者文件访问请求，并根据访问控制策略确定访问的合法性。

⑥ 存储层：提供集中的数据和文件存储区域，实现集中管理。

6.2
访问控制系统的架构

访问控制系统处于 CSE 平台的安全层，其架构设计如图 6-2 所示。CSE 系统包括数据管理和工作流管理两个应用系统，其中工作流管理系统所需的应用数据通过数据管理系统进行管理。两个应用系统都需要通过访问控制保证数据的安全，数据管理系统的访问控制要支持动态的、细粒度的安全策略，工作流管理系统的访问控制在数据访问控制的基础上，要保证任务流与权限流的一致性。基于需求分析，数据管理系统采用基于属性和角色的访问控制模型（A-RBAC，本书第 2 章），工作流管理系统采用基于属性和任务的访问控制模型（A-TBAC，本书第 3 章），同时实现权限委托（本书第 4 章），增加工作流系统授权的灵活性。设计架构采用本书提出的访问控制统一实施框架（ACEF，本书第 5 章）

数据管理系统和工作流管理系统的架构都采用 MVC 模式。用户界面为用户提供与系统进行交互的接口；处理逻辑实现系统的各种功能，对用户命令和数据进行处理；数据存储完成数据的持久化和存取功能。

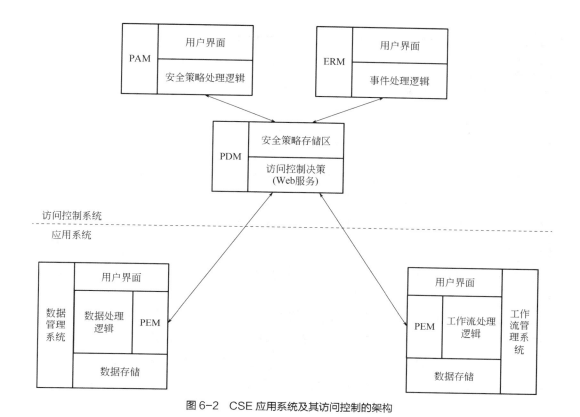

图 6-2　CSE 应用系统及其访问控制的架构

CSE 平台集中管理访问控制，从柔性访问控制的需求出发，采用本书第 5 章提出的访问控制实施框架。访问控制系统的策略管理模块（PAM）和事件响应模块（ERM）提供管理访问控制策略的用户界面，用户可通过用户界面增加、修改、查询、删除安全策略或者权限配置。用户界面产生的安全策略管理命令通过安全策略处理逻辑或者事件处理逻辑，保存在策略决策模块（PDM）的安全策略存储区，作为访问控制决策的基础。PDM 对外提供用于访问控制决策的 Web 服务（见 6.3.1），作为应用系统使用访问控制策略的统一入口。

应用系统使用访问控制服务的方式是根据 PDM 提供的访问控制服务的格式，组织访问控制请求并发送到 PDM 进行处理，PDM 将决策结果返回到应用系统，作为应用系统进行进一步处理的依据。应用系统处理访问控制问题的方式是一致的，但是由于数据访问在程序中频繁出现，因此，会出现大量重复代码，不利于编程和维护。应用系统的访问控制实施点（PEM）采用基于切面的编程思想（见 6.3.2），其中主要是各种访问控制切面，把所有业务系统中的访问控制部分抽取出来集中管理，以提高编程和维护效率。

6.3
关键技术

6.3.1　Web 服务

机械产品协同开发环境在建设过程中，往往需要融合企业的多套应用系统，例如数据管理、工作流管理等，这是企业信息系统集成的发展方向。不同的应用系统往往有各自的身份认证及访问控制模块，所使用的访问控制策略和模型也不尽相同，当用户使用不同的应用系统时，会给用户带来种种不便以及存在系统安全隐患。CSE 系统实现了对所有子系统统一的访问控制，其关键技术是访问控制服务器中 PDM 模块的安全决策以 Web 服务的形式给出。

Web 服务是 W3C 组织制定的一套开放的标准技术规范，该组织对 Web 服务的定义为：Web 服务是 URI 标识的一个软件应用，其接口和绑定可以通过 XML 文档定义、描述和发现；它使用基于 XML 的消息通过互联网协议与其他软件之间直接交互。Web 服务的目的是让不同的软件或者应用程序能够相互操作，无论这些程序是用什么编程语言实现，运行在什么样的操作平台或技术架构上。

Web 服务的体系结构如图 6-3 所示。

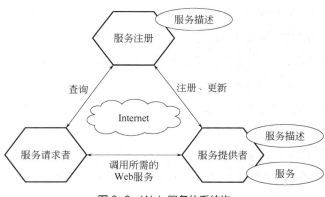

图 6-3　Web 服务体系结构

Web 服务涉及三个方面：

① 服务提供者负责发布 Web 服务，是服务的拥有者。从业务角度看，服务提供者实现了通过 Web 服务体现出来的业务逻辑；从体系结构看，服务提供者是一个平台，驻留和

控制对 Web 服务的访问。

② 服务注册提供了可供搜索的目录，可在目录中发布和搜索 Web 服务描述。

③ 服务请求者是能够完成一定业务功能的应用程序，它搜寻并调用相关的 Web 服务以更好地完成自身的任务。服务请求者首先向服务注册机构查询可用的 Web 服务，根据服务描述确定使用 Web 服务的资格和方式。

Web 服务是一个完成单个任务的自包含的软件模块，它能够描述其自身的接口特征，例如参数、数据类型和访问协议等。根据 Web 服务的接口特征，其他软件可以确定一个 Web 服务能够完成的功能，确定如何调用这些功能及确定可能的返回结果。访问控制的决策功能可以作为 Web 服务发布，供不同的应用系统调用，可使相同的安全策略被多个应用系统使用，从而降低应用系统的开发与维护成本。

Web 服务是松耦合的软件模块。协议、接口和注册服务可以使用松耦合的方式协同工作。服务接口的定义是中立的，独立于任何底层平台、操作系统以及编程语言。服务可在不同的系统上实现，以一致的形式和通用的方式进行数据交互。中立的接口定义不会受到特定实现的影响，从而在服务间做到松耦合。在松耦合的系统中，当系统需要更新时，应用程序不需要知道协作程序是如何实现和运作的，能够增加系统的灵活性。以 Web 服务的形式发布访问控制服务，有助于设置统一的访问控制策略，不同的业务系统可通过网络协议使用相同的访问控制服务，使得业务系统与访问控制系统解耦。

为了确保在任何平台上使用任何技术和编程语言都可以实现和访问，Web 服务的技术架构使用被普遍接受的开放标准，包括 XML（可扩展标记语言）、HTTP、SOAP（简单对象访问协议）、UDDI（通用描述、发现与集成协议）和 WSDL（Web 服务描述语言）。其中 XML 和 HTTP 是 Web 服务的使能技术标准，SOAP、UDDI 和 WSDL 是 Web 服务的核心服务标准。

（1）使能技术标准

Web 服务使用互联网连接和构建，从而保障无障碍的连接。Web 服务传输层采用得到广泛支持的 HTTP 协议，即 Web 服务器和浏览器所使用的协议。XML 是一个被广泛采用的格式，用于交换数据及其语义，Web 服务把 XML 作为数据描述的基础。

（2）核心服务标准

SOAP 是一个基于 XML 的简单消息协议，Web 服务依靠该协议进行信息交互。SOAP 协议基于 HTTP，使用常规的因特网传输协议来传送数据。WSDL 基于 XML 语法描述 Web 服务的功能特性，是使用 Web 服务的契约，将服务描述为能够交换信息的通信端点的集合。UDDI 是一个公开目录，可提供在线服务的发布，通过 UDDI 发布 Web 服务，有助于 Web 服务的发现和调用。

客户使用 Web 服务的过程包括六个步骤，如图 6-4 所示。

① 客户查询注册中心以确定 Web 服务的位置；

② 注册中心引导客户找到相应的 WSDL；

③ 客户访问 WSDL；

④ WSDL 向客户提供与 Web 服务交互的信息；

⑤ 用户向服务器发送 SOAP 消息，该消息根据 WSDL 的要求组织；

⑥ 服务器发挥应答，客户可根据 WSDL 的描述获得应答消息的组织结构，并解析其中的信息。

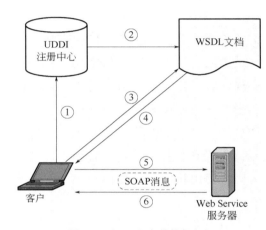

图 6-4　Web 服务的使用步骤

基于 Web 服务的访问控制的工作流程如图 6-5 所示。

① 用户得到身份认证（合法用户）之后，通过应用系统发送访问请求，访问请求中包含用户的身份信息；

② 应用系统服务器收到用户的访问请求之后，建立与访问控制服务器的连接，将用户的访问请求转化为访问控制服务器要求的格式，并将访问请求发送到访问控制服务器；

③ 访问控制服务器对访问请求进行分解，获取用于访问控制的必要信息，调用相应的权限验证函数；

④ 权限验证函数调取所有与当前访问请求相关的访问控制策略，并将访问请求与这些访问控制策略进行对比；

⑤ 根据访问请求与访问控制策略的对比结果确定访问请求是否合法，并将决策结果返回到应用系统。

应用系统根据访问控制决策结果向用户返回信息。

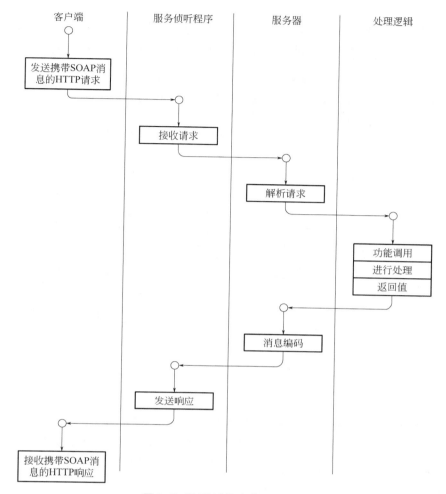

图 6-5　访问控制服务的调用过程

6.3.2　面向切面的编程

CSE 系统作为一种以产品信息管理为中心的信息系统，大量的数据访问都需要通过访问控制系统的验证，程序中数据访问的代码比较分散，且处理方式类似，若以传统的面向对象的编程思想实现访问控制，相同的访问控制代码会散落到大量对象中，代码重复的现象明显，编程效率低、容易出错、不利于更新升级。CSE 系统中 PEM 模块采用面向切面的编程有利于解决上述问题。

面向切面的编程（Aspect Oriented Programming，AOP）从"切面"的角度进行编程，所谓"切面"即系统所要实现的某种功能[1,2]。AOP 利用一种称为"横切"的技术，剖解开封装的对象，并将那些影响了多个类的行为封装到一个可重用模块，并将其命名为"Aspect"，即切面。通过切面可将业务模块所共同调用的逻辑或责任封装起来，例如访问

101

控制、日志管理等，减少系统的重复代码，降低模块间的耦合度，并有利于系统的可操作性和可维护性。图 6-6 描述了单纯以面向对象编程实施访问控制和融入面向切面的编程思想实施访问控制的区别。单纯以面向对象编程实施访问控制需要把访问控制逻辑写入不同的对象中，访问控制逻辑是重复的。把这些不同对象中相同的访问控制逻辑集中到一个切面中，使得对象的功能更为纯粹，且使访问控制逻辑更易操作。

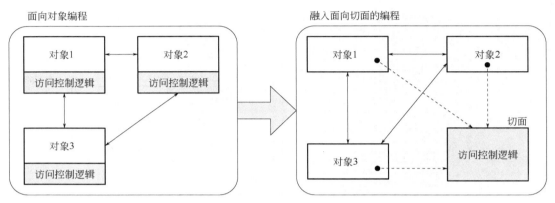

图 6-6　访问控制逻辑的横切

AOP 是对 OOP（Object Oriented Programming，面向对象编程）的补充和完善。OOP 引入封装、继承和多态性等概念来建立一种对象层次结构，用以模拟具有公共行为的一个集合。当需要对分散的对象引入公共行为的时候，OOP 则显得无能为力。例如访问控制。访问控制代码往往水平地散布在所有对象层次中，仅对访问控制是否合法进行判断，而并不影响业务逻辑的设计。对于其他类型的代码，如日志记录、异常处理也是如此。这种散布在各处的无关的代码被称为横切代码，在 OOP 设计中，它们导致了大量代码的重复，而不利于各个模块的重用。

AOP 把软件系统分为两个部分：核心关注点和横切关注点。业务处理的主要流程是核心关注点，与之关系不大的部分是横切关注点。横切关注点的一个特点是，它们经常发生在核心关注点的多处，而各处都基本相似，比如权限认证、日志、事务处理。AOP 的作用在于分离系统中的各种关注点，将核心关注点和横切关注点分离开来。AOP 正是通过编写横切关注点的代码，即"切面"，分离出通用的服务以形成统一的功能架构。它能够将应用程序中的业务逻辑同对其提供支持的通用服务进行分离，使得开发人员从重复解决通用服务的劳动中解脱出来，而仅专注于企业的核心业务逻辑。

在程序设计中融入 AOP 的编程思想有以下优势。

① 在定义应用程序对某种服务（例如访问控制）的所有需求的时候，通过识别关注点，使得该服务能够被更好地定义，被更好地编写，并获得更多的功能。这种方式还能够

处理在代码涉及多个功能的时候所出现的问题，例如改变某一个功能可能会影响到其他的功能，在 AOP 中把这样的麻烦称为"纠结"。

② 利用 AOP 对离散的切面进行的分析将有助于专业分工。负责切面分析的专业人员可以有效利用自己的相关技能和经验，提高软件的开发和维护效率。

③ 持久性。标准的面向对象的项目开发中，不同的开发人员通常会为某项服务编写相同的代码，例如访问控制。随后，开发人员会在自己的实施中分别对访问控制进行处理以满足不同单个对象的需求。而通过创建单独的代码片段（切面），AOP 提供了解决这一问题的持久简单的方案，使得仅仅编写访问控制切面（access control aspect）成为可能，并且可以在此基础上为整个应用程序提供新的功能。

AOP 的开发包括以下三个步骤。

① 切面分解：分解需求，并提取横切关注点和核心关注点，把核心关注点和横切关注点分离开。

② 关注点实现：各自独立地实现这些关注点。

③ 切面的重新组合：切面集成器通过创建一个模块单元来指定重组的规则。重组的过程也被称为"编织"，通过使用切面信息构建最终的系统。

实施基于 AOP 的访问控制，首先需要分解用户需求，把所有实现访问控制的功能与业务功能分解开来，然后对所有的访问控制切面进行编码，最后把访问控制切面与业务代码集成，以实现用户的授权访问，保证数据的安全性，这一过程如图 6-7 所示。

图 6-7　基于 AOP 的访问控制实现过程

下面以零件数据管理为例说明基于 AOP 的访问控制的实现。系统中包含两个类：GearManager 和 ShaftManager，分别用于对齿轮数据和轴数据的管理，如程序片段 1 所示。

程序片段 1

```
类
public class GearManager{
    ...
    public void addGear()
    {if(permissionVerify()){//向数据库添加齿轮数据的业务代码}}
```

```
        public void updateGear()
        {if(permissionVerify()){//更新齿轮数据的业务代码}}
    }
类
public class ShaftManager{
        ...
        public void addShaft()
        {if(permissionVerify()){//向数据库添加轴数据的业务代码}}
        public void updateShaft()
        {if(permissionVerify()){//更新轴数据的业务代码}}
    }
```

程序片段 1 所列出的 GearManager 类和 ShaftManager 类基于纯粹的 OOP 编程思想设计，包含了对齿轮数据和轴数据的所有操作。为了实现对数据的授权访问，所有对数据的操作首先要经过权限验证，如图 6-8 所示。这些权限验证的代码是相似的，散落于程序的多个地方，不利于程序的模块化设计。

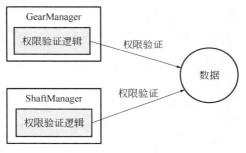

图 6-8　基于 OOP 的权限验证的实现

程序片段 1 中的权限验证可以用 AOP 的切面代替，从而避免相似代码的重复出现，融入 AOP 编程思想的权限验证的实现如图 6-9 所示。把所有的权限验证作为切面，通过切入点把权限验证整合到业务逻辑中，在保证对数据的授权访问的同时，实现对访问控制的代码集中管理。

融入 AOP 的权限验证的实现如程序片段 2 所示。GearManager 和 ShaftManager 只需关注业务逻辑的处理，无需考虑用户的权限。用户通过 GearManager 和 ShaftManager 访问零件数据时，有访问控制切面 AuthorizationAspect 负责权限验证。切面中定义了权限验证的切入点 authorizationExecution，包含两个类中共四个访问数据的方法，这四个方法在执行之前首先要通过权限验证，若为合法访问则程序继续执行（before(): authorizationExecution），否则会出现访问异常。

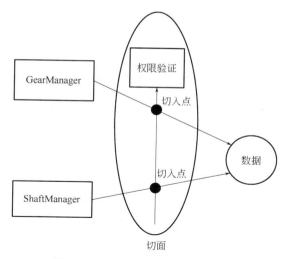

图 6-9 融入 AOP 的权限验证的实现

程序片段 2

```
类
public class GearManager{
     ...
public void addGear(){//向数据库添加齿轮数据的业务代码}
public void updateGear(){//更新齿轮数据的业务代码}
}

类
public class ShaftManager{
     ...
public void addShaft(){//向数据库添加轴数据的业务代码}
public void updateShaft(){//更新轴数据的业务代码}
}

访问控制切面
private static aspect AuthorizationAspect{
    //定义切入点
private pointcut authorizationExecution():
    execution(public void GearManager.addGear()) ||
    execution(public void GearManager.updateGear()) ||
    execution(public void ShaftManager.addShaft()) ||
    execution(public void ShaftManager.updateShaft());
    //连接
before(): authorizationExecution(){
    if !( permissionVerify ()){throw new UnauthorizedException();}
}
 }
```

6.3.3　策略检索方法

当用户申请访问数据资源时，用户的属性信息、待访问资源的属性信息以及环境属性信息将被送至策略信息点进行处理，并与系统中已设置的策略进行对比，以确定访问是否合法。若直接采取策略比对，就需要对策略集内的所有策略进行遍历，并分别比对用户属性、环境属性和客体属性，从而判断属性信息是否符合策略要求。这种遍历方式效率低下，可能会出现访问被拒绝，但是却需要占用很多系统资源和时间，因为需要把访问信息与策略集内的所有策略均进行对比，每条策略可能要对比几十个属性，即直接的遍历。在智能制造系统中，为了实现细粒度的、动态的访问控制，访问策略可能多达数千条，甚至上万条，这种直接遍历对比的方法将大幅降低系统效率，甚至直接导致访问控制不可行，影响智能制造系统的推广应用。

借鉴邹佳顺等提出的策略检索方法[3,4]，通过二进制标记（二进制字符串）表示属性分配情况，利用"或运算"结果判断访问与策略的匹配可能性，从而提高检索效率。为了更加清楚地说明该方法，首先给出一个策略集示例，如表 6-1 所示。表中策略基于"默认失败原则"，即用户访问系统资源时，默认是不能够访问的，只有用户获得相应的许可才能访问。访问必须符合表中某一策略，才是被允许的。

表 6-1　策略集示例

编号	主体	客体	操作	环境
1	ATTs1=Vs1，ATTs2=Vs2	ATTo1=Vo1，ATTo2>Vc1	Op1=write	Ve1<ATTe1<Ve2
2	ATTs3=Vs3	ATTo2=Vo2，ATTo3<Vc3	Op1=read	Ve3<ATTe2<Ve4
3	ATTs2=Vs4	ATTo3=Vo3	Op1=edit	缺省

表 6-1 中，ATTs 表示主体属性，ATTo 表示客体属性，ATTe 表示环境属性。策略和访问均由"属性谓词"组成。

属性谓词 attpre 的定义为

$$attpre：（att\text{-}name \propto value）$$

其中，att-name 表示属性名，比如 ATTs1 表示主体属性 1、ATTo2 表示客体属性 2 等等；value 表示属性值，每个属性都在其自身的定义域内取值，比如，主体属性 ATTs1 若表示职称，它的取值范围可能是{高级工程师，工程师，助理工程师}；$\propto$ 为操作符，包括{=，≠，≤，≥，<，>}。

访问请求同样由属性谓词组成，例如，一个访问请求 ACR(Access Request)，即

ACR={ ATTs2=Vsx, ATTs3=Vsy, ATTo2=Vox, ATTo3=Voy, ATTe1=Vex, Op1=read }

表示主体属性为 ATTs2=Vsx 且 ATTs3=Vsy 的用户要浏览（Op1=read）客体属性为 ATTo2=Vox 且 ATTo3=Voy 的资源，此时的上下文环境属性为 ATTe1=Vex。访问请求与策略描述形式一致，便于策略检索和匹配。

在 ACEF 架构下数据访问决策过程如图 6-10 所示。策略决策模块（PDM）接收客户端发送的访问信息，按属性谓词格式整理访问请求，并与策略管理模块（PAM）中存储的访问策略进行比对，若存在包含访问谓词的策略，访问是合法的，系统返回相应的数据信息给用户；相反，策略匹配失败，则向用户返回拒绝信息。本节内容主要处理策略检索运算中存在的效率低下的问题。

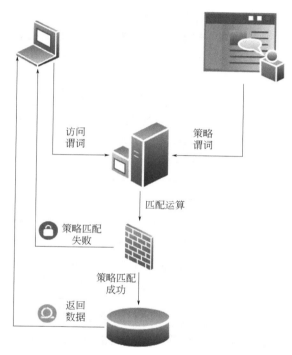

图 6-10　数据访问决策过程示意图

6.3.3.1　二进制标记的概念

二进制标记是用来表示属性分配情况的二进制字符串。在一个系统中，二进制标记的长度（n）等于系统设置的属性个数。标记每位取值为 0 或 1，其中，0 表示不包含该属性，1 表示包含该属性。如表 6-1 所示的策略集，3 个主体属性，3 个客体属性，2 个环境属性，1 个操作属性（为了表达的一致性，把操作也视为一种属性），共 9 个属性，则表 6-1 中策略的标记如表 6-2 所示。

表 6-2　策略的二进制标记

编号	主体属性			客体属性			操作	环境属性	
	ATTs1	ATTs2	ATTs3	ATTo1	ATTo2	ATTo3	Op1	ATTe1	ATTe2
1	1	1	0	1	1	0	1	1	0
2	0	0	1	0	1	1	1	0	1
3	0	1	0	1	0	0	1	0	0

上文中的访问请求 ACR 的二进制标记为：011011110。

通过对比访问请求与策略的二进制标记即可初步判定匹配情况，下面说明判别的方法。

6.3.3.2　检索运算

在进行访问决策时，首先需要检查访问请求信息中是否提供满足策略中对属性的设置。如果访问请求未提供策略中要求的属性，则不必进行属性匹配运算，即字符串的比较。设系统仅包含一项属性 ATTx，访问请求与策略中是否存在该属性的组合关系如表 6-3 所示。

表 6-3　针对属性 ATTx 的检索运算

策略	访问	或运算	是否需要属性匹配运算
0	0	0	是
0	1	1	是
1	0	1	否
1	1	1	是

表 6-3 中，策略和访问中若存在属性 ATTx 则为 1，否则为 0；第三列为前两列的或运算结果；最后一列表示是否需要进一步进行属性匹配运算，即比较策略和访问中 ATTx 属性的取值。在一条策略中，不存在 ATTx 时，访问请求无论是否提供 ATTx 信息都有可能是允许访问的；策略中若存在 ATTx 时，访问请求如果不包含 ATTx 信息，则访问肯定被拒绝。访问请求如果包含 ATTx 信息，则仍需对比属性取值。

进一步观察可知，或运算结果与访问请求标记相等时，需要进行属性匹配运算以确定访问的合法性；若或运算结果与访问请求标记不相等，可确定访问不合法，不必进行属性匹配运算（字符串比较）。系统设置多个属性时，此结论同样适用。因此，这种方法可大幅提高访问控制决策效率。

上文中的访问请求 ACR 的二进制标记为 011011110，与表 6-2 中的策略标记的或运算结果如表 6-4 所示。

表 6-4　二进制标记的或运算结果示例

编号	策略标记	访问标记	或运算结果	决策结果
1	110110110		111111110	拒绝
2	001011101	011011110	011011111	拒绝
3	010100100		011111110	拒绝

表 6-4 中，或运算结果与访问标记均不相同，因此，对该访问的决策结果为"拒绝"。但是，决策过程仅仅是三次或运算，相比于直接采用字符串比较的方法进行决策，效率大幅提升，降低了系统的计算负载。

采用二进制标记的策略检索方法，决策过程如图 6-11 所示。

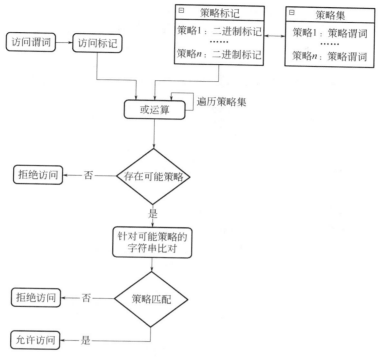

图 6-11 采用二进制标记的策略检索方法的决策过程

6.4
访问控制系统的应用

6.4.1 数据管理系统的访问控制

CSE 系统数据管理系统的权限配置如图 6-12 所示。

该界面是访问控制服务器中策略管理模块的主界面，包括用户管理、角色管理和权限管理，可进行用户角色配置和角色权限配置。在权限配置主界面中产生的配置信息全部保存在策略管理模块中，作为应用系统判断访问合法性的依据。

用户的组织属性直接体现在窗口左侧的组织关系树中，每个用户都隶属于特定的部门。在进行用户角色配置时，首先选择要分配角色的用户，系统自动列出该用户可授予的角色。

CSE 系统使用客体属性是否拥有、阶段、状态和密级指定对客体的操作权限，客体属性的定义域分别为：

D（是否拥有）={True，False}

D（阶段）={概念设计，详细设计，设计分析}

D（状态）={编辑，完成}

D（密级）={绝密，机密，秘密，普通}

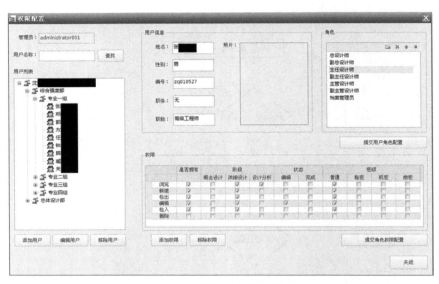

图 6-12　CSE 平台权限配置界面

其中，属性"是否拥有"的不同取值之间的拥有关系为：True→False；"密级"的不同取值之间的拥有关系为：绝密→机密→秘密→普通。

客体属性把客体集合划分为 48 个子集，支持动态的、细粒度的访问控制策略。

图 6-13 为 CSE 系统的用户登录界面。访问控制是以身份验证为基础的，因此，用户需要在登录界面中输入正确的用户名和密码，如图 6-13 所示，否则，无法使用 CSE 平台。合法用户的用户名保存在应用端，直到用户关闭应用。当用户访问系统资源时，访问请求中要包含用户名，以便服务端根据用户名查询用户的属性信息，例如角色、密级等。

图 6-13　CSE 系统的用户登录界面

用户成功登录 CSE 系统后，若拥有相应的权限即可通过产品数据列表查询相应的数据，如图 6-14 所示。若用户尚未得到相应的授权，则无法获得数据信息，系统同时提示用户无法访问的原因，如图 6-15 所示。

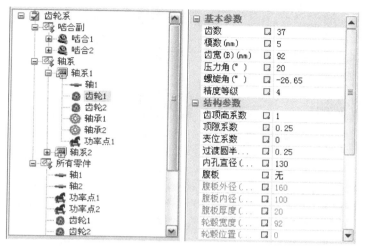

图 6-14　用户的合法访问

图 6-15　用户的非法访问

6.4.2　工作流访问控制

图 6-16 为将 A-TBAC 模型用于工作流权限管理的用户权限配置界面。安全管理员在进行用户权限配置时，首先指定任务步所需的全部权限，并将这些权限授予满足一定属性

条件的用户。用户权限配置是一个耗时的工作，为了提高用户权限的配置效率，图 6-16 中分别设置了流程实例级、任务级和任务状态级的权限"参考配置"入口，安全管理员可直接引用已有的工作流权限配置方案，以简化工作。

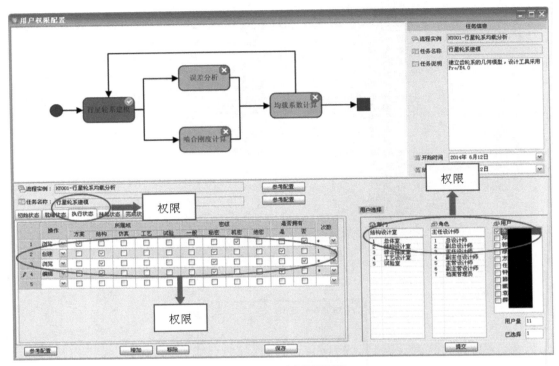

图 6-16　用户权限配置窗

图 6-16 中以行星轮系均载分析工作流为例，该工作流包括行星轮系建模、误差分析、啮合刚度计算和均载系数计算等四个任务。其中，行星轮系建模任务是误差分析和啮合刚度计算任务的基础，均载系数计算需要的误差数据和啮合刚度数据分别来自误差分析任务和啮合刚度计算任务。图 6-16 中所要进行授权的任务步是：

<行星轮系建模，执行状态>

在确定任务权限时，要详细分析每一个任务的输入、输出数据，了解执行任务过程中数据的处理方法，并充分考虑机械产品设计过程中的数据关系，才能为任务执行者提供完备的权限，并保证数据的一致性，否则，将会对任务的执行造成阻碍。在行星轮系均载分析工作流中的主要数据关系如图 6-17 所示。

图 6-16 中，与任务步<行星轮系建模，执行状态>关联的权限为：

$perm_1$：（浏览，（所属域＝"方案"，密级＝"机密"，是否拥有＝"否"））

$perm_2$：（创建，（所属域＝"结构"，密级＝"秘密"，是否拥有＝"是"））

$perm_3$：（浏览，（所属域＝"结构"，密级＝"秘密"，是否拥有＝"否"））

$perm_4$：（编辑，（所属域＝"结构"，密级＝"秘密"，是否拥有＝"是"））

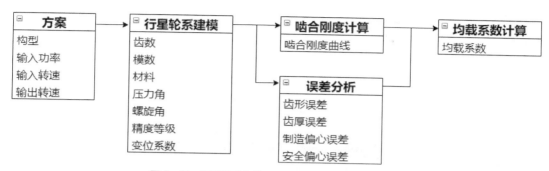

图6-17　行星轮系均载分析工作流中的主要数据关系

其中，$perm_1$为用户提供了查询设计方案的权限，设计方案是建立行星轮系 CAD 模型的基础，该权限可多次使用；$perm_2$为用户提供了创建 CAD 模型文件的权限，该权限只能使用 1 次；$perm_3$为用户提供浏览设计结构参数的权限，该权限可多次使用；$perm_4$为用户提供编辑或修改行星轮系模型的权限，因为设计过程耗时较长，需要多次修改模型，因此，该权限可多次使用。这些权限与任务步关联，当该任务步完成之后，即行星轮系设计完成之后，上述权限就不能使用了，保证了设计结果的稳定性。

要求执行该任务的用户属性为（部门＝"结构设计室"，角色＝"主任设计师"），根据这一要求，系统自动列举所有满足条件的用户，任务分配员或安全管理员可在用户列表中选择。

权限配置工作较为耗时，考虑到性质相似的任务往往具有相似的权限配置，可利用"参考配置"直接使用相似工作流、任务、任务步的权限配置，将要进行的权限配置初始化为与其性质近似的工作流权限配置，并进行修正，以满足当前要求。例如，不同型号的行星轮系均载分析可采用相同的工作流模板，生成不同的行星轮系均载分析工作流实例，不同的工作流实例的权限配置可相互参考，即当一个工作流实例的任务配置确定之后，利用"参考配置"，其他工作流实例的权限配置工作的繁重程度将大幅降低。

工作流初始化完成后，用户可通过工作列表查看自身需要完成的工作，如图6-18所示。其中的任务名称和任务状态结合起来即为"任务步"。

若用户无法按时完成已分配的任务，可通过权限委托将任务交由其他用户完成。图6-19为用户提交权限委托声明的窗口，委托方通过该窗口向安全管理员提交所有的委托信息，系统根据委托方提出的委托声明，查询所有符合受托人条件的用户集，委托方从该用户集中选择受托人。受托人收到委托请求后，根据自身意愿，决定是否接受委托。权限委托过程直到有愿意接受委托权限的用户出现才结束。

图 6-18　工作列表

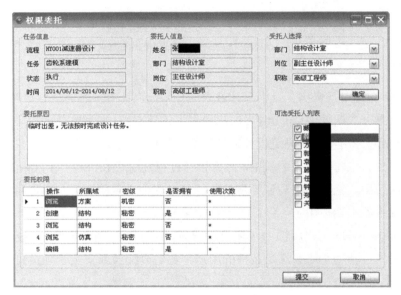

图 6-19　权限委托申请

在系统的运行阶段，用户通过工作流管理系统提供的任务执行入口创建相应的进程，进入任务处理窗口，仍以行星轮系均载分析工作流为例，其行星轮系建模任务进入执行状态后，用户可进行设计工作，如图 6-20 所示。该窗口所属的进程包含了任务步信息，合法用户可在该任务运行进程中使用已配置的权限。用户通过项目数据树（用户访问入口）发送相关的访问请求，访问控制系统根据权限配置情况判别访问是否合法。图 6-20 中，系统响应的用户访问请求包括数据浏览和模型修改。

图 6-20 所示的任务步信息是工作流执行进程所要提供的信息，该信息作为访问请求的一部分，用于工作流访问控制的决策。其作用体现在两个方面：①随着工作流任务状态的改变，权限的有效性随着改变，无需通过其他方式修改权限配置，保证了权限配置的稳定性，且满足了权限使用的动态性要求；②用户所拥有的权限只能在特定的进程中使用，在用户同时承担多项任务时，避免权限的冲突，满足了访问控制中的最小特权原则，有利于保证数据的一致性。

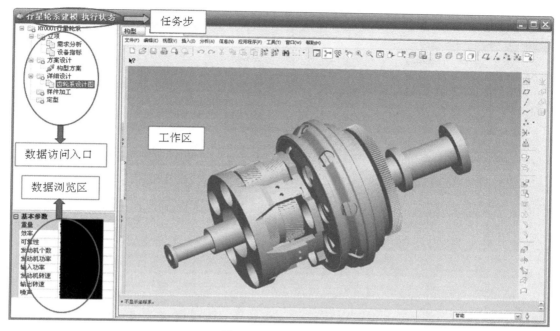

图 6-20　任务运行窗口

　　本章介绍了 CSE 平台访问控制系统的实现。在数据管理系统中采用本书提出的基于属性和角色的访问控制模型；在工作流管理系统中采用本书提出的基于属性和任务的访问控制模型；引入了权限委托机制。采用本书提出的访问控制统一实施框架，整合多种访问控制策略。在访问控制系统实施的关键技术中，PDM 模块采用基于 Web 服务的访问控制服务，有利于将访问控制的处理逻辑集中控制并对应用系统提供公开的接口；PEM 模块采用 AOP 编程思想在应用系统中实施访问控制，有利于访问控制与业务系统的解耦，可提高系统的开发和维护效率。最后，简单介绍了 CSE 平台中关于访问控制的用户界面和使用过程。

参考文献

[1]　克雷格 沃尔斯. Spring 实战（第五版）[M]. 张卫滨，译. 北京: 人民邮电出版社, 2020.

[2]　Laddad R. AspectJ in action: enterprise AOP with spring application[M]. USA:Simon and Schuster, 2009.

[3]　邹佳顺，张永胜. ABAC 中基于前缀标记运算的策略检索方法[J]. 计算机工程与设计，2015, 36(11):2943-2947.

[4]　黄美蓉，欧博. 基于属性分组的访问控制策略检索方法[J]. 计算机应用研究，2020,37(10): 3096-3100, 3106.